Herb & Spice

香草・香料
圖鑑

U0076496

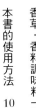

鹽膚木
79

茉莉
72

紅花
60

續隨子
49

金針菜
40

鼠尾草
80

杜松子
73

番紅花
61

胡椒
50

枸杞
42

風輪菜
82

薑
74

山椒
62

箭葉橙
53

孜然
44

天竺葵
83

瑞士甜菜
76

綿杉菊
66

芝麻
54

豆瓣菜
46

水芹
84

八角茴香
77

紫蘇
67

芫荽
56

丁香
47

旱芹
85

甜菊
78

肉桂
70

櫻花
58

釣樟
48

神香草
130

蔥
118

辣椒
104

西洋蒲公英
96

千日紅
88

除蟲菊
131

洛神花
121

魚腥草
110

菊苣
97

酸模
89

小白菊
132

羅勒
122

旱金蓮
111

細葉香芹
98

薑黃
90

葫蘆巴
133

荷蘭芹
126

棗
112

細香蔥
99

百里香
92

茴香
134

香草豆
128

肉豆蔻
114

陳皮
100

羅望子
94

蜂斗菜
138

天堂籽
129

香菫菜
116

蒔蘿
102

龍蒿
95

香草・香料調味料一覽

美味的鹽漬橄欖果實
→P27

中國肉桂磨成的肉桂粉
→P71

可為拌炒料理增添香氣的
孜然粉→P44

點綴料理用的辣椒絲→P105

可為糕點增添香味的香草精
→P128

在日本仍不多見的香料
天堂籽粉→P129

葉子香味比種子溫和的
蒔蘿草→P102

肉類料理不可或缺的
肉豆蔻粉 →P114

泡香草茶用的薔薇花蕾→P178

辣味刺激嗆鼻的
日本芥末→P147

用檸檬皮製成的
糖煮檸檬皮→P173

煮湯或製作醬料、燉菜常用的法國香草束→P86

綜合香料「法式芥末醬」種類繁多。由上而下分別是第戎芥末醬、羅勒芥末醬、黑加侖芥末醬→P147

美國產的綜合香料「墨西哥辣粉」→P108

法國料理所用的綜合香草代表「普羅旺斯香草」→P137

可烘托料理滋味的茗荷調味醬→P153

散發薔薇甜香的薔薇醋
→P179

用紅紫蘇和梅醋或釀造醋
製成，方便運用於醃漬物
的紅紫蘇醋→P69

法國家庭常用的龍蒿醋
→P95

甜甜芳香可使料理更加
美味的墨角蘭油
→P145

迷迭香油堪稱香
草油的基本款。
一定要自製一瓶
來使用→P181

有了這瓶，煮什麼
都好吃的大蒜橄欖
油→P31

散發辛辣香氣的
咖哩葉油→P37

8 同類介紹　7 調味料解說　4 特徵解說　1 名稱　2 利用方法

3 基本資料

9 簡易食譜　5 解說正文　6 香草茶介紹

10 小知識

本書的使用方法

香草是指所有可期待藥草效果，並能享受香氣等風味的植物。本書簡單解說包含料理用香辛料的代表性香料在內，共118種的香草與香料，是一本適合初學者閱讀的圖鑑。請參考「本書的使用方法」，漫遊香草與香料的世界。

肉桂
Cinnamomum verum

1 名稱
以通用的香草、香料名稱，或是最廣為人知的通稱為主。下方為學名。

2 利用方法
將主要利用方法分為①飲料、②料理、③香氛、④手工藝、⑤除蟲、⑥其他（護身符等）六種，以圖案表示。

3 基本資料
①科名＝分類下的科名與屬名。
②別名＝其他名稱與外文名稱，亦有無別名的情況。
③原產地＝該品種的野生地區，未提供栽培地資料。
④生長習性＝草本分為一年草與多年草，木本分為灌木、喬木與常綠、落葉。
⑤開花期＝於日本栽種時大致的開花期間。日本未生產的品種則不標示。
⑥利用部分＝當成香草、香料利用的部位。
⑦利用方法＝料理之類，主要的利用方式。
⑧保存方法＝乾燥之類，最適合該香草、香料的保存方式。

4 特徵解說
介紹該香草、香料的葉子或花等生態上的特徵。

5 解說正文
說明香草、香料的特徵與名稱由來、歷史、藥效、常用方法。

6 香草茶介紹
香草茶是享用香草與香料的基本方式。這裡介紹該品種的基本狀態，以及用熱水沖泡而成的香草茶。

7 調味料解說
香草與香料依加工方法不同，如整顆或磨成粗顆粒、粉狀等等，烹調時的利用方式亦有許多變化。

8 同類介紹
介紹該品種的近緣種，或利用方法相同的其他品種。

9 簡易食譜
提供人人都能運用香草與香料製作的好用調味料以及菜餚的簡易食譜。

10 小知識
於欄外提供88項有助於了解香草與香料的小知識。

盡情享受
118種
香氣與滋味

◎使用香草與香料時的注意事項

不少香草與香料因藥效而受到矚目。但是，這些植物並非有固定處方的醫藥品，且會因使用者體質或攝取過量而引發問題，使用時需要多加留意。

①過敏體質者應避免使用

某些種類的香草與香料含有會引發過敏的物質（例如：菊科過敏），此外也會因合併使用其他香草、香料或水果而引起過敏反應。

②避免攝取過量

有些香草與香料的藥效過強，若用法錯誤或攝取過量會出現中毒症狀。

③嬰幼兒使用時務必多加留意

請先確認用法與用量，再讓嬰幼兒使用香草與香料。

④懷孕期間應避免使用

不少香草與香料含有會對孕婦產生不良影響的成分。使用前請先確認其安全性或諮詢醫生。

⑤精神藥物作用

有些隨手可得的香草或香料，攝取過量亦會產生精神藥物的作用。

為避免誤用香草與香料而發生意外，平時應多吸收正確知識，若有不明白的地方，請諮詢醫生。

外觀有如巨大帶刺的薊，形狀獨特的花蕾可以食用，
在日本仍是較不為人知、少見的香草。

洋薊
Cynara scolymus

飲料	料理	香氛	手工藝	時鳥	其他

科名	菊科菜薊屬
別名	朝鮮薊、Artichoke（英）
原產地	地中海沿岸
生長習性	多年草
開花期	6～9月
利用部分	葉、花蕾
利用方法	葉乾燥後泡茶； 花蕾的芯水煮後佐醬汁食用
保存方法	葉乾燥；花蕾多為進口的水 煮罐頭

可長到2公尺以上的
大型薊類植物。夏至
秋季開花，一般於綻
放前採收長達15公
分的花蕾作為食用。
義大利與西班牙當地
栽培興盛。

薊類特有的羽狀裂葉。
葉尖有銳利的刺。

展開葉片的大型植株（花蕾採收後）。

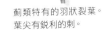

長達15公分的大花蕾。包覆
花蕾的花萼前端也跟葉片一
樣長有尖刺。

這是於江戶時代傳入日本
的蔬菜，株高1公尺以上的大
型薊類植物。一般稱之為朝鮮
薊，原產於地中海沿岸，是很
受歐美地區歡迎的食材。

長度約15公分可食用的花
蕾，長有許多如仙人掌花般的
針刺。可食用的部分不多，水
煮綠花椰菜心般的口感及芋薯
般的滋味為其特色。以乾燥葉
沖泡的茶飲帶有微苦的味道。

享受芋薯般的風味與口感

洋薊可食用的部位為花萼的一部分，以及花蕾的芯。其他部位太硬無法食用，因此烹調前得先取出可食用的部分才行。

處理完畢後，將花萼與切成適當大小的芯一起水煮10至15分鐘。花萼單純沾鹽吃就很美味，芯無論拌醬汁、抹橄欖油燒烤，或當成義大利麵的配料都很合適。

洋薊的乾燥葉

若是自行乾燥處理，盡量不要把葉片弄得太細。葉子越細，泡茶時苦味越濃。

洋薊茶

淡金色的洋薊茶。甘甜中帶有些微苦味，充滿大人的味道。葉片若不盡早撈起會增加苦味。

【材料】洋薊取需要的分量，檸檬1顆，水1碗。調理用具準備刀子和湯匙即可。洋薊接觸空氣會變黑，因此要泡在檸檬水裡進行前置處理。

洋薊義大利麵

充分享受食材的風味

用大蒜和辣椒爆香橄欖油後炒洋薊片，並準備用法式清湯調成的醬汁。將配料與剛煮好的麵條拌在一塊，以紅甜椒點綴。若擺上綠色的芫荽嫩葉，即變成民族風料理。是一道不太費工夫的菜色。

1
用手一片一片剝下花萼。

2
剝完花萼、取下頂端較硬的部分後切半，再以湯匙刮除內部纖維質較硬的部分即可。

　洋薊的功效　洋薊所含的化合物「薊多酚」（Cynarin），據說有提高肝功能、降低膽固醇與三酸甘油脂的效果。

明日葉

Angelica keiskei

飲料　料理　香氣　手工藝　觀賞　其他

科名	繖形花科當歸屬
別名	明日草、八丈草
原產地	日本（太平洋沿岸）
生長習性	多年草
開花期	7～10月
利用部分	莖、葉
利用方法	嫩莖和嫩葉可入菜，亦可乾燥後泡茶
保存方法	莖與葉乾燥

如煙火般開滿白色小花的花序，是當歸屬植物的特色。結實後苗會枯萎，不過基部會再長出新芽。

圖片為栽培的品種。明日葉曾是日本部分地區的特產蔬菜，隨著受歡迎程度與栽種農家的增長，目前日本境內一年四季都可在超市看到明日葉。

無論是在店家購買，還是自行採摘野生品種，最好挑選葉片尚未展開的新鮮明日葉。

日本紀伊半島南部和伊豆七島周圍的海濱地區與樹林裡都有野生明日葉，大一點的株高甚至超過1公尺。莖折斷後會流出黃色汁液，可藉此區分相似的植物。

明日葉不僅富含維生素、礦物質與膳食纖維，黃色汁液裡還含有可抗氧化與抗菌作用的物質查耳酮（Chalcone）、香豆素（Coumarin），是健康風潮下備受矚目的蔬菜。

除了近似山菜澀味的特殊滋味，還帶有芝麻味與香氣，堪稱是極為適合日本料理的日本產香草。

明日葉的同類

明日葉

圖片為野生於日本湘南海岸沙灘上的明日葉。
幼苗與濱當歸混在一起生長。

濱當歸

跟明日葉一樣是當歸屬植物,生長在沙灘與樹林裡。
不可食用。

毛當歸

與明日葉同屬的植物,是生長在深山樹林裡的
一種山菜。

明日葉的乾燥葉

市面上亦有販售明日葉茶粉,自製的話,只
要細心乾燥且稍微撕碎,就能泡出一杯好
茶。

明日葉茶

茶水呈現出明日葉般的亮綠色澤。亦可添加
牛奶品嚐,或使用新鮮明日葉泡杯新鮮香草
茶。

天麩羅與涼拌菜

發揮特殊滋味的美味料理

炸成天麩羅可享受芝麻味與淡淡苦
味,是非常受歡迎的料理。涼拌也
很美味,十分適用於日本料理。

使用明日葉的葉子 無論是以種子還是幼苗栽培,都要等到第2年才可摘取葉子使用,而且不能全部摘光。露天栽種要注意別澆太
多水以免根部腐爛,此外黃鳳蝶的幼蟲也喜歡吃明日葉,要多加留意。

香味近似百里香，是印度咖哩常用的香料。

印度藏茴香

Trachyspermum ammi

外觀近似孜然或旱芹的種子，烹調時可研磨或整粒直接作為咖哩的香料。

飲料　料理　香氛　手工藝　染色　其他

科名	繖形花科蔓芹屬
別名	Ajwain（英）、阿育魏實、香旱芹籽
原產地	印度
生長習性	1年草
利用部分	種子
利用方法	作為咖哩粉的原料或為料理添香
保存方法	種子乾燥

＊日本未生產

印度藏茴香南餅

香辣的印度滋味

【材料】高筋麵粉200g，牛奶0.5杯，雞蛋1顆，橄欖油2大匙，A（印度藏茴香適量、泡打粉0.5大匙、起司粉適量、鹽0.5小匙、砂糖1大匙），水適量

【作法】將高筋麵粉與A倒入調理缽裡，以筷子拌勻。接著加入雞蛋和牛奶，揉成麵團。加水調整至耳垂般的硬度，最後拌入橄欖油。將麵團揉成球狀後，用溼巾蓋住，於常溫下靜置40分鐘左右。接著將麵團擀成薄三角形。平底鍋抹上橄欖油，先以大火煎餅皮，等表面出現焦色後，轉小火煎2～3分鐘即可。散發而出的印度藏茴香香氣與辣味，令人食指大動。

印度藏茴香粉

種子研磨後，會產生整粒沒有的香味、辣味與些許苦味。

印度藏茴香茶

特色是呈亮綠色的清爽色澤，與淡淡的甘甜和苦味。可不用粉末，直接以整粒種子沖泡。

這是一種在印度廣為運用於料理和藥材的香料。據說可改善消化系統的不適，當地人將其當成重要的家庭常備藥。

此外，種子萃取出的精油，其主要成分百里香酚（Thymol）極具殺菌力，因此亦用來製作防腐劑。

在料理方面多用來取代百里香或旱芹，不過印度藏茴香帶有苦味，因此用量不宜太多。

16

外觀近似蒔蘿籽，充滿芳香，是製作麵包時常用的香料。

茴芹

Pimpinella anisum

飲品　料理　香氣　手工藝　除蟲　其他

茴芹的果實。茴芹近似同為繖形花科的蒔蘿與孜然，果實扁平帶有白色條紋。茴芹籽就藏在果實裡。

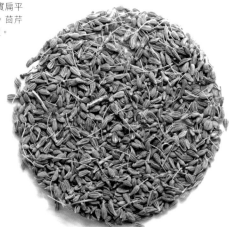

科名	繖形花科茴芹屬
別名	Anise（英）、茴芹籽
原產地	埃及
生長習性	1年草
利用部分	種子（果實）
利用方法	為糕點、麵包、利口酒等食品增添香氣
保存方法	種子乾燥

＊日本未生產

這是一種原產於埃及與安那托利亞半島（土耳其）的古老香料。充滿芳香與甜味，因此多用來為糕點、香草茶與利口酒等食品增添香氣。其香味來自茴香腦（Anethole），香氣與味道近似茴芹的八角茴香（→P.77）也含有這種物質。

目前除了中東地區外，歐美各地也有栽種。

茴芹麵包

充滿香甜滋味

【材料】高筋麵粉200g，牛奶0.5杯＋水適量，橄欖油1大匙，A（鹽0.5小匙、酵母粉1大匙、茴芹籽適量）

【作法】將高筋麵粉和A倒入調理缽裡，以筷子拌勻。接著加入橄欖油和牛奶，充分揉合成麵團。加水調整硬度，把麵團揉成球狀後放進塑膠袋裡，於溫暖的地方靜置40分鐘左右。等麵團變成2倍大後，從塑膠袋裡取出並將麵團內的空氣按壓排出，整理成喜歡的形狀。把麵團放進預熱至200℃的烤箱裡，烤20分鐘左右即可。

茴芹粉

用研磨缽將果實磨成粉末。充滿清新的芳香，並帶有甘甜滋味。

茴芹茶

深金色的茶飲，滋味有如薄荷般清爽。帶殼沖泡會呈現淺綠色。

作為藥草的茴芹　茴芹不僅是香料，更是自古以來備受矚目的藥草，用於健胃與化痰。此外，果實萃取出的精油除了為利口酒添香，現代也運用於按摩與芳香浴等用途。

蒿
Artemisia

艾草的葉子。艾屬植物的葉片都很相似，大裂葉為其特徵。葉子背面的白色綿毛讓艾草看起來顏色偏白。

飲料　料理　香氛　手工藝　除蟲　其他

科名	菊科艾（蒿）屬
別名	艾草、艾葉、青蒿、苦艾
原產地	艾草＝日本、朝鮮半島；青蒿＝地中海沿岸；苦艾＝北非至歐洲、北美
生長習性	多年草
開花期	8～10月
利用部分	莖、葉
利用方法	艾草＝艾草麻糬、艾草茶等；青蒿、苦艾＝園藝、防蟲用香囊等
保存方法	莖與葉乾燥

艾草

分布於日本全國，嫩葉用來做成天麩羅和艾草麻糬，乾燥葉則拌入麵團做成烏龍麵與蕎麥麵，可說是日本人不可或缺的日本香草。嫩葉上的細毛為艾灸的原料。

剛冒出的新芽。日本人會摘這種嫩葉當作食材。

一般都是將葉片乾燥保存再使用。磨成粉末就成了艾草粉。

艾草所屬的艾屬亦稱為蒿屬，全世界有250種以上的種類。其中，一般所用的「艾草」是分布於日本和朝鮮半島的品種，另一種分布至東南亞的五月艾，在沖繩則稱為「Fuchiba」，用於為料理添香。

其他當作香草使用的蒿，還有具備防蟲效果而當成伴生植物栽種的青蒿，以及製作利口酒（苦艾酒，曾被視為具有精神藥物作用而禁止製造）時，用來增添香氣的苦艾。

艾草茶
用熱水沖泡艾草粉後過濾而成的
茶飲。呈深金色，草香四溢，是
甘甜好喝的香草茶。

艾草粉
將艾草嫩葉充分乾燥，再磨成粉
末狀。使用磨粉機可分離出纖
維，留下純粹的粉末。

青蒿和苦艾都有防蟲效
果，可做成香囊使用。

青蒿
具有防蟲效果，可當成
伴生植物運用。

苦艾
一種在歐美地區常見
的蒿。是用來為利口
酒「苦艾酒」增添香
氣的香草。

青蒿的葉子，
如荷蘭芹般深
裂而狹細。

以「Artemisia Southernwood」
之名販售的青蒿苗。跟顏色偏
白的苦艾一樣，可直接當作庭
園的裝飾，或是當成伴生植物
栽種。

艾草的功效　日本原生的艾草具有殺菌力，古時用來止血，此外還有健胃整腸的作用，維生素與礦物質也很豐富，因此被視為營養
食材，極受矚目。

有如檸檬加薄荷般氣味清爽的香草。

左手香

Plectranthus amboinicus

飲料　料理　香氣　手工藝　被褥　其他

科名	脣形花科香茶菜屬
別名	Soup mint（英）、過手香
原產地	南非
生長習性	多年草
利用部分	葉
利用方法	葉可為料理添香，或當成觀葉植物
保存方法	葉子乾燥，或是做成醬料冷藏

＊不會開花

葉子受損就會釋放類似薄荷或檸檬的芳香。比起將葉片乾燥保存再運用，更推薦使用新鮮的葉子。

左手香的圓形葉片。有厚度，直接加進沙拉裡，可享受香氣與爽脆的口感。

可利用扦插方式繁殖，容易栽培。但要注意別澆太多水，等土乾了再澆。由於不是耐寒性植物，冬季氣溫低於5℃的地方須置於室內培育。為適合在容器裡生長的品種。

這是生長在熱帶地區，少數會散發香氣的多肉植物之一。葉片會散發薄荷系的香味，多用來為肉類料理、碳酸飲料、茶飲增添香氣。此外，其抗菌與消炎作用極受矚目，亦運用於漱口等用途。

圓形小葉子具有天鵝絨般的觸感與厚度，簇生的模樣十分可愛，也是受歡迎的觀葉植物。

新鮮左手香茶
準備5～6片新鮮葉，注入熱水即可。把葉子放進紅茶裡做成調味茶也很好喝。沖泡時使用完整葉片。

不僅用於義式料理，更是點綴各式菜餚時不可或缺的基本款香草。

義大利香芹

Petroselinum neapolitanum

 飲料 料理 香氛 手工藝 除蟲 其他

科名	繖形花科歐芹屬
別名	洋香菜、Italian parsley（英）
原產地	地中海沿岸
生長習性	多年草（2年草）
開花期	6～7月
利用部分	莖與葉
利用方法	添放在料理上，或作為醬汁的材料等
保存方法	葉與莖切細後乾燥或冷凍保存

不同於普通的荷蘭芹，葉片呈扁平狀，莖也很長。露天栽種株高可達30公分以上，栽培亦較為簡單。

平坦、深裂的葉子近似旱芹葉。

尚未長出的義大利香芹。發芽需要將近2週的時間。

長大的植株。從末端摘起正好是可利用的長度。

只要在小花盆裡撒下種子，就能在廚房栽種自家專用的香草，運用於各式各樣的料理上。

富含義大利香芹的風味 蘑菇義大利麵

先以大蒜與辣椒爆香橄欖油，接著放入蘑菇翻炒，然後以法式清湯調製蘑菇醬汁後，拌入義大利麵即可。雖然是一道簡單的菜餚，但義大利香芹的色澤與風味無一不備。

不同於葉片捲曲的荷蘭芹，扁平的葉子為義大利香芹的特徵。此外，香味也沒有荷蘭芹強勁，滋味清新。通常都是活用這種性質，當成食材運用於沙拉或醬料，而不用於裝飾。

義大利香芹含有豐富的維生素與礦物質，營養價值高，據說也有促進發汗的作用。

義大利香芹的營養價值 除了維生素（A＝β胡蘿蔔素、B1、B2、C），亦含有豐富的鈣、鐵、鎂等礦物質。尤其β胡蘿蔔素的含量僅次於紅蘿蔔。

紫錐菊

Echinacea purpurea

飲料　料理　　　手工藝　　　其他

科名	菊科松果菊屬
別名	紫馬簾菊、紫松果菊、Echinacea（英）
原產地	北美
生長習性	多年草
開花期	6～9月
利用部分	葉、莖、根
利用方法	葉乾燥後泡茶；花作為觀賞用途
保存方法	葉與莖乾燥

紫錐菊的苗。株高可達60公分左右的多年草。可用分株或播種方式繁殖。日本市面售有便宜的幼苗。是一種很耐熱耐寒的香草。

紫錐菊的卵形葉片。當成茶葉使用時，會於開花後連莖一起採下，切細乾燥。

紫錐菊的茶葉

市售的香草茶乾燥葉，已加工處理得很乾淨。

紫錐菊茶

滋味甘甜好入喉，放涼也不會有藥草味。

紫錐菊也是很受喜愛的觀賞用植物。花朵較大且醒目，開花期也很長。

如栗子外殼的球狀花或種子。也可當成手工藝的材料。

這是印第安人用來解毒或治療各種發炎症狀的香草，其免疫活性效果在歐美地區受到矚目，日本也有進行研究。

一般的利用方法為採收葉與莖乾燥後，以熱水沖泡成香草茶。雖然帶了些許藥草味，但市面上亦有經過加工、較好入喉的茶葉。日本埼玉縣寄居町將之當成特產品，研發了各式各樣利用紫錐菊的方法。

與紫蘇十分相似，是烤肉配菜與韓國料理不可或缺的香草。

荏胡麻

Perilla frutescens var. frutescens

飲料　料理　香氛　手工藝　除蟲　其他

科名	脣形花科紫蘇屬
別名	十年（日）、荏
原產地	印度
生長習性	1年草
開花期	8～9月
利用部分	葉、種子
利用方法	葉當作配菜；種子可榨油或用於料理
保存方法	葉與種子乾燥

荏胡麻的葉子。外觀很像紫蘇，觸感則像略微乾燥的紫蘇葉，不過比紫蘇略厚一點。荏胡麻的別名「十年」，源自於吃了之後可多活十年的説法。

荏胡麻的種子。看起來像圓形白芝麻，具有清爽的香味和甜味，油味沒有芝麻那麼濃郁。

荏胡麻粉

用磨粉機將荏胡麻的種子磨細，再以研磨缽研磨。荏胡麻的油分會釋放出來，充滿濃郁的香氣。

荏胡麻茶

表面浮著一層油，不過喝起來很清爽。茶水呈淡金色。

香甜美味 荏胡麻麵包

這是將荏胡麻籽乾炒之後，加進麵團裡烤成的荏胡麻麵包。雖然滋味不如芝麻那般濃郁，仍可享受淡雅的甜味與荏胡麻的香味。作法和茴芹麵包一樣，用荏胡麻取代茴芹。（→P17）

把葉子當成配菜，拿來包烤肉等味道較重的食材也很美味。

這種香草自古以來即與日本人有著深厚關係，甚至曾在繩文遺跡裡發現其種子。可惜它獨特的草味似乎不太受現代日本人歡迎，反而變成有名的韓國料理食材。過去會將荏胡麻的種子研磨後加進味噌裡（十年味噌）或用於涼拌菜、磨碎榨油（荏胡麻油）等等。

由於荏胡麻富含α亞麻酸，對健康有益，最近再度受到關注。

α亞麻酸　必需脂肪酸之一，人體攝取後會轉換成青背海魚富含的DHA與EPA。亞油酸攝取過量易罹患生活習慣病，而α亞麻酸可抑制亞油酸造成的不良影響。

過去當成藥草使用的香草，可運用充滿芳香的花與果實。

黑果接骨木

Sambucus nigra

飲料　料理　盆栽　手工藝　染色　其他

科名	忍冬科接骨木屬
別名	西洋接骨木
原產地	歐洲、北非、西亞
生長習性	落葉灌木
開花期	5〜6月
利用部分	花、果實
利用方法	花可泡香草茶或製成提神酒；果實做成果醬
保存方法	花與果實乾燥

黑果接骨木花（乾燥花）。外觀很像孜然或旱芹之類的種子，烹調時會磨碎或直接當成咖哩的香料使用。

紅果接骨木的花蕾。白色小花跟黑果接骨木的花十分相似。

紅果接骨木

紅果接骨木為黑果接骨木的亞種，自然分布於日本的本州與九州。在日本是極富利用價值的山菜，嫩芽可做成涼拌菜或天麩羅，果實則釀成果實酒。

黑果接骨木花茶
呈淡金色的香草茶。芳香怡人，帶有些許酸味。

用糖漿煮黑果接骨木花製成的提神酒。

黑果接骨木的同類，為約2公尺高的落葉灌木。

黑果接骨木的葉與花跟日本原生的紅果接骨木（別名＝接骨木）相似，不過前者為黑色果實，後者則為紅色果實。花可用糖漿煮成果醬或果凍，乾燥花亦可泡香草茶，果實則可做成醬汁，利用方法十分多元。

黑果接骨木在過去就被當成藥草使用，現代則因富含維生素A與維生素C，以及對眼睛有益的花青素而受到矚目。亦有不少人透過健康食品或營養補助食品攝取黑果接骨木的營養。

在料理和糕點的製作上發揮其威力，由大自然創造出來的萬能香辛料。

多香果
Pimenta dioica

飲料　料理　香氛　手工藝　肌膚　其他

多香果的果實。多香果是熱帶常綠樹桃金孃科的植物，番石榴和丁香亦同屬此科。在日本能夠取得的是乾燥的未成熟果實。

科名	桃金孃科多香果屬
別名	三香子（日）、牙買加胡椒、Allspice（英）
原產地	牙買加
生長習性	常綠喬木
利用部分	果實
利用方法	單獨或與其他香料混合後，用來製作糕點或料理
保存方法	果實乾燥

＊日本未生產

雞肝醬
無腥味且順口的美味

【材料】雞肝200g，牛奶200cc，橄欖油適量，洋蔥0.5顆，大蒜1瓣，奶油20g，A（薑粉、胡椒、多香果、鹽、迷迭香各少許），鮮奶油適量

【作法】
①切除雞肝的脂肪與不需要的部分，放進調理缽浸泡牛奶去除腥味。
②用橄欖油炒洋蔥片與蒜片。
③在另一個平底鍋裡放入奶油，以中火炒雞肝並拌入A。
④把②和③一起放進果汁機裡打成泥。
⑤加入鮮奶油調整稠度，再盛入容器裡。
放涼凝固之後（也可以不冷卻），充滿多香果風味的滑順雞肝醬就完成了。塗在麵包上相當可口，也很合適搭配紅酒。

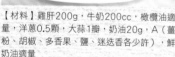

多香果粉
多香果通常是先加工成粉末才使用。呈亮褐色，沒有胡椒那種辣味。

如同「三香子」這個別名，多香果具備世界三大香料——肉桂、丁香、肉豆蔻以及胡椒的風味，據說是經由哥倫布傳入歐洲。

多香果的利用範圍相當廣泛，可為肉類料理添香、做成醬汁、醃鯡魚、當作西式醃菜的香辛料、為餅乾和蛋糕等糕點添香……等等。

多香果的成分　擁有三大香料香味的多香果，其主要成分為丁香酚（Eugenol）。這是應用於香水、人工香料、醫藥品的精油成分，丁香與肉桂等植物也含有這種成分。

榨取的油不易氧化十分健康，辛辣的香氣跟料理非常對味。
用葉子沖泡的香草茶亦頗受歡迎。

橄欖
Olea europaea

飲料　料理　香氛　手工藝　途裝　其他

橄欖的葉子。葉片較厚實且硬。表面為深綠色，背面顏色較淡，接近橄欖色。乾燥後可泡成香草茶。

科名	木犀科木犀欖屬
別名	Olive（英）
原產地	北非與小亞細亞（現土耳其的一部分）等地中海沿岸
生長習性	常綠喬木
開花期	8～10月
利用部分	葉、果實
利用方法	葉乾燥後泡成香草茶；果實去澀後鹽漬
保存方法	葉乾燥；果實鹽漬

橄欖幾乎產自地中海沿岸地區。西班牙、義大利、希臘、土耳其為主要生產國，日本除了橄欖油外，也進口鹽漬橄欖果實、香草油、按摩油等各式加工品。當然，日本國內亦售有小豆島等日本生產的橄欖油、洗髮精、乳霜等特產品。

橄欖不僅可以榨油，乾燥葉還可用來泡香草茶。葉片含有大量的橄欖多酚（Oleuropein，抗氧化物質），因此市面上有許多健康茶之類的商品。

日本栽種橄欖的地區為瀨戶內海沿岸的香川縣與岡山縣。尤其香川縣小豆島早在明治末期便成功栽培，新鮮的果實很快就銷售一空。橄欖果實通常不易取得，不過到園藝店購買幼苗自行栽種的話，即可同時採收果實與葉子。

橄欖的枝條。在諾亞方舟的故事中，諾亞見鴿子叼著橄欖枝飛回來而知洪水已經消退，因此橄欖枝被視為和平的象徵。葉對生，有的樹高可達10公尺以上。樹枝可用來扦插繁殖。

橄欖油

若用未成熟的綠色果實榨油，橄欖油會呈現清爽的黃綠色。剛榨好的油推薦製成義式烤麵包（Bruschetta）品嘗。

宛如鈴鐺的橄欖果實。夏至秋季結果。未成熟的果實為綠色，之後逐漸轉紅成熟。

鹽漬橄欖果實

用鹽醃漬未成熟的綠色果實。新鮮的橄欖果實很澀不能吃，因此得花點工夫去澀。僅用鹽醃漬就能成為適合搭配葡萄酒的下酒菜。

變紅的成熟橄欖果實。成熟後會帶點黑色的色澤。

橄欖喜歡少雨的溫暖環境，在日本自家庭院亦可享受栽培的樂趣。

橄欖茶

茶水幾乎透明無色，泡久一點會呈現淡淡的橄欖色。沒有特殊味道的甘甜滋味能夠療癒心情。

橄欖的乾燥葉

僅日晒乾燥的完整葉片。磨細之後會釋放出風味。

特級初榨橄欖油 用新鮮的橄欖果肉榨取出來的橄欖油，稱為初榨橄欖油。當中油質、酸味、香氣都屬於高品質的則稱為特級初榨橄欖油，也有人將其當成化妝品使用。以橄欖種子榨取出來的稱為橄欖籽油。

跟羅勒等香草一樣都是日本常見的香辛料。
獨特的芳香與味道是番茄料理與披薩不可或缺的元素。

奧勒岡
Origanum vulgare

密生小巧的葉子，株高50～
60公分。強韌好培育，但由
於是原產自地中海沿岸的香
草，比較適合種在通風良
好、日照充足的乾燥土壤。
也可用花盆栽種。

飲料　料理　香氛　手工藝　繪畫　其他

科名	脣形花科牛至屬
別名	Oregano（英文）、牛至、野墨角蘭
原產地	地中海沿岸
生長習性	多年草
開花期	6～9月
利用部分	葉、莖
利用方法	新鮮或乾燥的葉與莖皆可當成料理的香辛料
保存方法	葉與莖乾燥

奧勒岡的葉子。呈現可愛的心
形，長約1～1.5公分。

奧勒岡的花於夏至秋季綻放。乾燥後可
作為撲撲莉（→P194）的材料。亦有
稱為「奧勒岡花」的觀賞用品種。

奧勒岡的名稱源自希臘語
「Origanum」（喜悅之
山），大多野生於希臘等地中
海沿岸地區的山野，亦有人工
栽種。

含有香芹酚（Carvacrol），
此精油成分是其獨特香味的來
源。由於可預防感冒與消化系
統疾病，自古被當成藥草使
用。

其獨特的香氣通常用來作
為料理的香料，乾燥的奧勒岡
磨細後，香味會比新鮮的更加
濃郁。尤其適合運用在番茄料
理、披薩、湯品，以及為雞肉
等肉類料理
去腥。過量會
出現苦味，使
用時需留意。

奧勒岡的幼苗。也可以用種子栽種，不過園藝店售有幼苗，從幼苗開始種植比較不會失敗。

奧勒岡為多年草植物，也能成長為較大的植株。葉片太茂密會枯掉，因此得保持良好的通風。

奧勒岡的香味撩人
即食焗烤

【材料】雞肉200g，洋蔥（中）1顆，馬鈴薯（大）1顆，通心粉適量，市售的白醬燉菜麵糊4盒份，牛奶1杯，水1.5杯，添加奧勒岡末的麵包粉適量

按照市售燉菜的說明製作燉菜，倒進焗烤盆裡，撒上添加奧勒岡的麵包粉後，放進烤箱烘烤即可。作法簡單快速，卻可享受到奧勒岡的香味，濃郁滋味正是魅力所在。

奧勒岡的乾燥葉
奧勒岡的葉子乾燥後味道會變濃，建議大量採收再乾燥保存。

奧勒岡茶
用新鮮葉泡成的新鮮香草茶。香味比用乾燥葉沖泡的淡一點，滋味圓潤。

奧勒岡與墨角蘭 墨角蘭是一種外觀近似奧勒岡，帶有香味的香草。兩者同為脣形花科牛至屬植物，奧勒岡有野墨角蘭之稱，而墨角蘭又稱為甜墨角蘭，學名為Origanum majorana，原產地同樣是地中海沿岸。（→P144）

大蒜
Allium sativum

科名	蔥科蔥屬
別名	蒜頭、Garlic（英）
原產地	中亞
生長習性	多年草
開花期	5月
利用部分	鱗莖、莖、葉
利用方法	鱗莖切片作為料理的醃料；葉與莖當成食材
保存方法	鱗莖切片乾燥；乾燥蒜片磨成粉末

蒜苗。圖片為日本產量第一的青森縣栽培的6瓣種白蒜。鱗莖分成6瓣（分球）。為著名的高級大蒜，園藝店亦有販售發了芽的蒜瓣幼苗。

採收下來的6瓣種鱗莖（日本東北的品種）。此外，西日本也有生產壹州早生這類12瓣的品種。

有遠緣關係的山蔥。野生於北海道至近畿地區的深山裡，獨特的刺激氣味比大蒜還要強勁。

占全球產量80%的中國產普通鱗莖。外皮不好剝。

中國栽培的單瓣種大蒜，稱為「獨子蒜」。

大蒜是家喻戶曉的香辛料。球根（鱗莖）一旦受傷就會散發發強烈的氣味，因此多用來當作料理的醃料。其氣味來自大蒜素（Allicin），只要破壞鱗莖細胞就會產生這種物質。

蒜的營養價值高，食用時搭配富含維生素B1的豬肉，即可提高人體維生素B1的吸收量，其滋補強身的效果也很受到矚目。

可將鱗莖浸泡在橄欖油裡，或是乾燥後磨成粉末等，當成常備香辛料輕鬆利用。

大蒜橄欖油。增添了蒜香的萬能香草油。

6瓣種白蒜的其中1瓣。氣味與風味都很溫和，方便調理。

蒜香麵包
作法簡單，齒頰留香

【材料】法式長棍麵包，奶油，大蒜1瓣，喜歡的綠色香草（圖中所示為義大利香芹）

【作法】把蒜末、義大利香芹末放進裝了奶油的容器裡，讓奶油融化。將法式長棍麵包切成喜歡的厚度，塗上奶油烤一下即可。簡單的作法正是好吃的祕訣。

蒜粉
蒜瓣切薄片乾燥後，再以磨粉機研磨而成。是最適合用來去除肉類或魚類腥味的香辛佐料。

烤蒜碎
市售的烤蒜碎。烤過之後風味更濃，香辣滋味倍增。

不許葷酒入山門 有時可在禪寺大門見到的標語「不許葷酒入山門」，意思是「不可以將葷酒帶進山門裡」，酒指酒精飲料，葷則是蒜與韭等味道刺激的蔥類植物。兩者會使修行僧心生雜念、妨礙修行，因此才有這項戒律。

乾燥花可做入浴劑或泡成香草茶的菊類植物。

洋甘菊

Matricaria recutita

飲料　料理　香氛　手工藝　時尚　其他

科名	菊科母菊屬
別名	Chamomile（英）、德國洋甘菊
原產地	歐洲、西亞
生長習性	1年草
開花期	3～5月
利用部分	花
利用方法	乾燥花可泡香草茶、做成入浴劑
保存方法	花乾燥

這裡提到的洋甘菊，是指一年草植物「德國洋甘菊」。羅馬洋甘菊為不同屬的近緣種多年草植物。德國洋甘菊花所含的精油香味近似蘋果，可泡此當成伴生植物利用。

香草茶與製成入浴劑。至於羅馬洋甘菊則有苦味，多運用於入浴劑以及染色。此外，其精油成分可驅除蔬菜的害蟲，因

德國洋甘菊

德國洋甘菊的苗。一般說的洋甘菊就是指這個品種。線形葉密生於莖上，幾乎沒有香草味。春季會開白花。

羅馬洋甘菊

羅馬洋甘菊的苗。外觀很像德國種，兩者的差異在於羅馬種為多年草植物，且花和葉子都有香味。學名：Anthemis nobilis。

洋甘菊茶
呈淡金色，芳香四溢。滋味清淡。

羅馬洋甘菊的乾燥花。香味比德國種濃，還帶有苦味。

羅馬洋甘菊的花。6～8月與夏至秋季會開花。

德國洋甘菊的乾燥花。香草專賣店大多販售乾燥的花瓣。可用來泡香草茶，或做成入浴劑。

花朵成熟後白色舌狀花瓣會向下反折，中間的花心則膨脹起來，裡面儲存了精油。

開滿楚楚可憐的花朵，散發薄荷香氣的脣形花科植物。

假荊芥新風輪菜

Calamintha nepeta

 飲料 料理 香氛 手藝 其他

科名	脣形花科新風輪屬
別名	Lesser Calamint（英）
原產地	地中海沿岸
生長習性	多年草
開花期	7～10月
利用部分	莖、葉
利用方法	莖、葉可泡香草茶，或做成入浴劑、撲撲莉
保存方法	莖、葉乾燥

花朵大小不到1公分，7～10月開花，開花期長為其特色。入秋後淡紫的色澤會變得更濃。

露天栽種的苗逐漸長大，茂密叢生。

假荊芥新風輪菜

株高可達50公分左右，卵形葉長度不到2公分。1根植株密生數根分枝，綻放無數朵外觀像紫蘇花的小白花。葉子一經觸摸即散發近似薄荷的芳香。

假荊芥新風輪菜茶

用乾燥葉沖泡的香草茶，呈淡金色，散發溫和的薄荷味。

可於開花期採收大量的葉子和花，推薦用來沖泡新鮮香草茶。香氣清新。

這是脣形花科的香草，到了夏末便彷彿要覆蓋前庭般開滿無數朵小白花。葉子香氣如胡椒薄荷般清新，可用來沖泡成香草茶享用。亦有花朵較大，粉紅色的大花品種。

假荊芥新風輪菜的栽培 由於是強韌的香草，只要是日照充足、不過度乾燥的地方都可以栽種，建議購買幼苗享受栽培樂趣。露天種植或種在花盆裡皆可，亦可像滿天星那樣混植以襯托其他植物。

被譽為香料之后，是印度料理常用的綜合香辛料中不可或缺的香料。充滿迷人的芳香。

小豆蔻
Elettaria cardamomum

飲料　料理　香氛　手工藝　妨蟲　其他

科名	薑科小豆蔻屬
別名	Cardamom（英）
原產地	印度
生長習性	多年草
利用部分	果實
利用方法	將乾燥果實弄破，或帶皮研磨運用於料理及茶飲
保存方法	果實乾燥

＊日本未生產

薑黃等薑科植物皆為株高可達2～3公尺的多年草。夏季花莖自地下莖抽出貼於地面，花朵於前端綻放。秋季結果，即為小豆蔻的果實。

小豆蔻的果實。側面呈現有弧度的三角形，裡面分成3室，各裝有數顆黑色種子。種子為香氣的來源，皮沒有香味。

小豆蔻茶
可品嘗小豆蔻原味的香草茶。喝起來充滿舒暢的清涼感。

小豆蔻粉
小豆蔻大多使用完整果實，但用磨粉機帶皮研磨而成的粉末比較方便烹調。

小豆蔻是原產於印度的香料，為印度料理與香料奶茶（Masala chai）不可或缺的香辛料。栽種量少，與番紅花、香草蘭並列三大珍貴且昂貴的香料。除了運用於料理外，亦是治療消化系統疾病的藥草。

不僅印度，中東地區亦用小豆蔻來為咖啡添香，北歐的消費量也很高，多運用於醬料、魚類或肉類料理、糕點、利口酒等。日本則有販售小豆蔻粉，用來烹調咖哩等料理。

黑豆蔻

亦稱為棕豆蔻、Greater cardamom，大小約2～3公分的香料。外觀很像小豆蔻，但兩者不同屬。具有樟腦般的強烈藥味被運用於料理方面。在印度多用來為油增添香氣，較少混在食物裡。

綠豆蔻

小豆蔻中品質最好的種類，深綠色的小豆蔻價格昂貴。

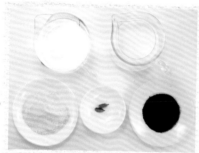

高雅濃郁的迷人甘甜

小豆蔻茶

【2人份材料】水200cc，牛奶100cc，砂糖1.5大匙，小豆蔻2顆，紅茶粉2小匙

用刀背將小豆蔻壓破，香味更能釋放出來。

【作法】將水和小豆蔻放入小鍋子裡煮沸，加入紅茶粉後關火，等茶水變色後倒入牛奶再加熱。最後放砂糖調味即可。小豆蔻的香氣提高了紅茶的格調，可享受濃郁的滋味。

盡情享受小豆蔻的香味

小豆蔻咖啡

【2人份材料】咖啡豆2大匙，小豆蔻2顆，水2杯。圖片為咖啡粉和小豆蔻混合而成的粉末。

【作法】事先將咖啡豆磨細，再混入磨成粉末的小豆蔻。將水和混合好的粉末倒入小鍋子煮開。水滾後等30秒左右再關火，倒入杯子裡。可等咖啡渣沉澱後再飲用上層的咖啡，或是用濾紙過濾入杯子裡。即使是便宜的咖啡豆，香味仍如高級咖啡般雅致。

小豆蔻的栽培 小豆蔻為野生於熱帶亞洲的熱帶植物，必須在平均氣溫20℃以上、高溫潮濕的熱帶環境栽種，因此需要專用的溫室，一般家庭不易栽培。

一經觸摸就會散發咖哩香味，增添香氣用的香草。

咖哩草

Helichrysum italicum

飲料　料理　香氣　手工藝　除蟲　其他

科名	菊科蠟菊屬
別名	Curry plant（英）、義大利蠟菊、不凋花
原產地	地中海沿岸
生長習性	多年草
開花期	7～8月
利用部分	莖、葉
利用方法	莖、葉用來為料理增添香氣
保存方法	莖、葉乾燥

咖哩草油
如果要運用咖哩的香氣，可把香味轉移至橄欖油再使用。

咖哩草。雖然是多年草植物，但莖會逐漸變硬木質化，長成株高不滿1公尺的常綠灌木。細葉一經觸摸就會飄出淡淡的咖哩粉香氣。

咖哩草耐旱卻不耐寒，在氣溫較低的地方，冬天最好移至花盆放在室內栽培。

葉子一經觸摸就會散發咖哩香味，因而取名為「咖哩草」，但實際上並未當成咖哩粉的材料使用。茂密簇生的細葉覆蓋一層銀白色的綿毛，看起來很美麗，可作為觀葉植物混植，或當成庭院的裝飾。

當作香草使用時，葉子的咖哩香味可用來抑制肉類或魚類的腥味，以及為湯品和醬料添香，葉片乾燥後亦可製作撲撲莉或花圈。葉與莖有苦味，用於料理時要記得在食用之前挑出來。

辛辣又香甜的芸香科香草。

咖哩葉

Murraya koenigii

飲料　料理　香草　手工藝　除蟲　其他

科名	芸香科月橘屬
別名	南洋山椒（日）、可因氏月橘、咖哩樹的葉子
原產地	印度
生長習性	常綠灌木
開花期	6～9月
利用部分	葉
利用方法	葉用來為料理添香
保存方法	葉乾燥

咖哩葉（乾燥葉）。長度約4分分，為10片以上的複葉（由眾多小葉組成1片葉子）。乾燥葉易壞，香氣也消失得快，新鮮葉較適合用於料理。

咖哩葉茶
以熱水沖泡乾燥葉，立刻飄出咖哩般的甜香。

咖哩葉油
為咖哩的食材添香

【材料】橄欖油200cc左右，咖哩葉適量，綠胡椒少許，辣椒1根

【作法】把橄欖油裝進密封容器，加入材料裡的香料浸泡幾天。等橄欖油散發咖哩葉的香氣且辣味釋放出來即可。可用來為肉類或魚類料理增添香氣。

咖哩葉為株高可達5公尺左右的芸香科植物。葉片有橘子般的香味與甜味，還有近似咖哩的香氣，故得此名。

主要的利用方法是跟其他香料混合用於製作咖哩，以及為醃菜或燉菜增添香氣。

雖然可在香料店輕易買到乾燥葉，不過市面上也有賣作為觀葉植物栽培的幼苗，利用新鮮葉享受香氣也不錯。

觀葉植物咖哩葉　有些郵購商家會以「咖哩樹」或「香料樹」的名稱販售幼苗。由於是野生於熱帶地區的植物，最好用花盆於室內栽培，如此可避免冬季的低溫問題。

從前當作藥草使用，散發芳香的花與果實亦可利用。

貓草
Nepeta cataria

飲料　料理　香氛　手工藝　綠芯　其他

科名	脣形花科荊芥屬
別名	Catnip（英）、貓薄荷草
原產地	歐洲、西亞
生長習性	多年草
開花期	6～8月
利用部分	葉、莖、花
利用方法	葉、莖、花可為料理添香、泡成香草茶，或製成入浴劑、撲撲莉
保存方法	葉、莖乾燥

檸檬貓草

貓草為株高近1公尺的多年草。繁殖力強，歐洲某些地方已雜草化。此圖是貓草的同類，外觀幾乎一模一樣，不過葉片會散發檸檬香味。

貓草的葉子。為擁有鋸齒狀邊緣的心形葉。莖也會散發薄荷的香味。

貓草的乾燥葉
貓草乾燥後香氣也不會變淡，可運用於香草茶、入浴劑或是撲撲莉。

對貓草感興趣的貓。

貓草的英文名稱為「Catnip」，意思是「貓會抓弄的草」。事實上貓很喜歡這種植物，有的貓甚至會吃貓草，因此栽種時須留意。一如「貓薄荷草」這個別名，其葉、莖與花皆有薄荷般的香味。

推薦用葉和莖沖泡香草茶。新鮮或乾燥的皆可，濃郁的清新香氣肯定能放鬆心情。

此外，植株會越長越大，大量採摘後亦可運用於香草浴或撲撲莉。

貓草茶
用新鮮葉沖泡的香草茶。充滿了薄荷的清新香氣。

過去曾當作愛情魔藥使用，亦是種子蛋糕常用的香料。

葛縷子

Carum carvi

飲料　料理　　　手工　　　其他

科名	繖形花科葛縷子屬
別名	姬茴香（日）、Caraway（英）
原產地	西亞
生長習性	2年草
開花期	第2年的6～7月
利用部分	果實（種子）
利用方法	果實用於料理
保存方法	果實乾燥

葛縷子的果實。葛縷子為株高50公分以上的2年草。葉為線形帶有芳香。跟同為繖形花科的孜然一樣，別稱「籽（種子）」的果實上有白色條紋。

葛縷子的花。第二年夏天會開出許多白花形成花序。花也有香味。

葛縷子粉。甜香四溢，用於製作糕點。

葛縷子茶

用整粒葛縷子沖泡也會呈現漂亮的金黃色。薄荷般的香氣令滋味清爽無比，很好喝。

甜香四溢的
種子蛋糕

添加葛縷子籽烤出來的蛋糕，可說是種子蛋糕的基本款。滋味圓潤，充滿甜甜的香氣。

由於使用這種香料的阿拉伯人稱之為「karāwiya」，英文便以「Caraway」命名。是一種歷史悠久的香料，經由古腓尼基人傳進歐洲。此外，葛縷子據說有挽留人或物的力量，因此過去有段時間被當成愛情魔藥使用。

現在則是香濃的奶油蛋糕「種子蛋糕」常用的基本香料，用來製作蛋糕或餅乾。

葛縷子的栽培 葛縷子可於家庭菜園栽種。一般利用春播、秋播兩種種子栽培，或是購買幼苗栽種，不過市面上較少販賣幼苗。入冬前幼苗就會長大，越冬後會在第二年的夏季開花。葉與花皆可當成料理材料。

花只綻放一天，因此英文名為「Daylily」，在中式料理中稱為「金針菜」，日本人也熟悉這個名稱。

金針菜

Hemerocallis fulva

科名	百合科萱草屬
別名	Daylily（英）、忘憂草、黃花菜、萱草
原產地	中國、日本等東亞
生長習性	多年草
開花期	6～8月
利用部分	葉、花芽、花
利用方法	葉、花芽與花皆作為料理食材
保存方法	花乾燥

重瓣萱草

在日本暖地，3月中旬以後就能在土色草原上見到鮮綠的新芽。株高可達7～80公分，抽出花莖綻放偏紅的橘花。

重瓣萱草的花芽。花莖於梅雨季節抽出，前端長出數根花芽。這就是中式料理的食材「金針菜」。口感爽脆，美味可口。

重瓣花為重瓣萱草的最大特色。據說是從中國傳入日本的外來種，但仍有許多不明之處。利用地下莖繁殖。重瓣萱草和野萱草都稱為金針菜，採收花芽利用。

重瓣萱草的新芽。是日本的山菜之一，用來做涼拌菜或醋拌菜，在西式料理上則當成沙拉或湯品的食材。完全沒有特殊味道，是一種甘甜可口的山村野草。

野萱草、重瓣萱草和濱萱草的花都是向上綻放，跟日光黃萱不同。

同類的野萱草為單瓣花，花結實後以種子繁殖。雖然是日本原生種，可惜數量不多，不容易發現花的蹤影。

萱草屬的植物

屬百合科植物，萬葉集歌詠它為「忘憂草」。經常用於中式料理的金針菜，在日本有野生的原生種野萱草，以及外來種重瓣萱草，不少日本人將其當成山菜採收食用。

金針菜主要野生於山村林邊或草原，夏季綻放近似百合花的漏斗形橘花。在日本稱為「萱草」，跟中藥所用的甘草（註：日文「萱草」與「甘草」發音相同）是截然不同的植物。

日光黃萱，又名「禪庭花」。叢生於日本本州標高較高的草原。6～8月開黃色的花。

夕萱。野生於山地草原，於夏季的黃昏開花，隔天早上就凋謝，故得此名。

姬萱草。被視為北海道野生的蝦夷萱草近緣種。小型的萱草屬植物，於初夏開黃色的花。

濱萱草。外觀很像野萱草，野生於海濱的草地。屬於不會枯葉、可越冬的常綠品種。晚秋開花。

當作食材的金針菜

爽脆的口感

金針菜的花芽

中國稱為「金針菜」，是料理常用的新鮮花芽。日本的食材店主要販售從臺灣進口的產品。

金針花

以金針菜綻放的花乾燥而成，名稱為「金針花」，泡水即可還原，多作為湯品的配料。滋味甘甜。

金針菜炒鮮蝦。蝦肉與金針菜的咬勁相輔相成，可享受到絕妙的口感。金針菜很適合做拌炒料理。

萱草屬的園藝品種 重瓣萱草或日光黃萱等種類，傳入歐洲經過品種改良後，跟山百合一樣誕生出有別於野生種的園藝品種。這些統稱為「一日美人」，名稱源自萱草屬的學名「Hemerocallis」。日本也有販售各種花色的品種。

乾燥果實帶有甜味，不僅美味還營養豐富。除了藥膳料理外，
亦作為枸杞酒與枸杞茶的材料，是用法多樣的野草。

枸杞
Lycium chinense

飲料　料理　香氛　手工藝　酵素　其他

科名	茄科枸杞屬
別名	枸杞南蠻（日）
原產地	中國
生長習性	落葉小灌木
開花期	8～10月
利用部分	葉、果實
利用方法	葉片乾燥後泡成枸杞茶；果實乾燥後泡酒或用於料理
保存方法	葉、果實乾燥

枸杞的枝條。枸杞是從中國引進的歸化植物。日本亦有繁殖，林邊或住宅空地、海岸邊的草地等都可見到野生枸杞。接近海岸的地方比較容易發現其蹤影。枝上有尖銳長刺。

枸杞的葉片。直立偏白的枝條上長了許多2～3公分左右的卵形葉。雖然是落葉灌木，在暖地亦可見到帶著葉子越冬的情況。葉片質感柔軟，乾燥後可用來泡枸杞茶。

乾燥的枸杞果實。中藥名為枸杞子，用來泡酒或烹調藥膳料理。沒有特殊氣味，很甜很好吃。

枸杞的花。為1～1.5公分左右的淺紫色5瓣花。數量很多，花謝後會結實，並逐漸成熟轉為深紅色的果實。

枸杞可一次採收大量的果實。為1～1.5公分左右的橢圓形果實，呈現辣椒般的火紅色澤。

於明亮的矮山林邊生長的枸杞。株高超過1公尺，某些地方可見叢生的枸杞。

這是原產自中國的茄科落葉小灌木。夏至秋季綻放淺紫色小花，結出的果實加工成葡萄乾般的水果乾後，即是我們熟悉的枸杞。可直接食用，在中藥上又稱為枸杞子，用來烹調粥之類的藥膳料理。不僅維生素豐富，亦含有各種營養成分。

此外，別名「枸杞頭」的葉片乾燥後可泡成藥膳茶。根皮「地骨皮」則作為中藥材，煎來服用可抑制發炎症狀。

枸杞藥膳粥

清淡的甘甜滋味

【2人份材料】米75g，水360g，貝柱適量，棗1顆，枸杞適量

主角枸杞要選亮紅色的優質產品。棗最好挑選大顆、有光澤的新鮮乾貨。

【作法】將洗好的米放進前一天用來浸泡貝柱的水裡，以中火炊煮。煮沸後加入棗乾與枸杞。等米煮得軟爛後，加點鹽巴和胡椒調味即可。

枸杞的乾燥葉

僅經過日晒乾燥的葉片。可浸泡於茶水或燒酒裡，作為藥膳茶或藥膳酒。

枸杞茶

以乾燥葉沖泡而成。色澤有如綠茶，帶了些許酸味與甜味，很好喝。

枸杞的營養素 枸杞是中醫藥膳常用、滋味豐富的香草。其營養素有維生素C、β胡蘿蔔素，以及維生素B1、B2、穀胺酸（Glutamic acid）、天門冬胺酸（Aspartic acid）等必需胺基酸，此外還含有玉米黃素、甜菜鹼（Betaine）等具強身與明目效果的成分。

咖哩不可或缺的香料。咖哩的風味即來自孜然的獨特香氣、辣味及苦味，
可運用在各式各樣的料理當中。

孜然
Cuminum cyminum

科名	繖形花科孜然芹屬
別名	馬芹（日）、Cumin（英）、安息茴香
原產地	埃及
生長習性	1年草
開花期	6～8月
利用部分	果實（種子）
利用方法	果實乾燥後用於料理
保存方法	果實乾燥

孜然籽。細長的果實（種子）長約5公釐，跟葛縷子一樣側面有白色條紋。咬開即會產生強烈的刺激味道，隨後轉為香味。大多整粒直接使用，亦可研磨成粉末，作為料理的提味佐料。

孜然粉。用來為拌炒類料理添香。和芫荽粉混合使用可加重味道，但是過量會出現苦味。

孜然茶
呈現清爽的綠色，帶有些許近似薄荷的特殊香氣。是好喝的香草茶。

外觀很像葛縷子或旱芹等繖形花科植物的果實，以「孜然籽」的名稱在市面上流通。其強勁的香氣是印度料理不可缺少的一味，通常當作爆香香料，把香味轉移至油裡使用。

孜然也是為咖哩增添風味的重要元素，咖哩粉即是以孜然為主的綜合香料。此外，還可當成墨西哥辣粉與印度甜酸醬的材料，或是為西式醃菜增添香氣等，用途很廣。

咖哩所用的主要香料

⑭辣椒 →P104　⑩八角茴香 →P77　⑥胡椒 →P50　①多香果 →P25

⑮肉豆蔻 →P114　⑪旱芹 →P85　⑦芫荽 →P56　②大蒜 →P30

⑯茴香 →P134　⑫薑黃 →P90　⑧肉桂 →P70　③小豆蔻 →P34

⑰月桂 →P184　⑬陳皮 →P100　⑨薑 →P74　④孜然

⑤丁香 →P47

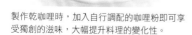

製作乾咖哩時，加入自行調配的咖哩粉即可享受獨創的滋味，大幅提升料理的變化性。

17種香料混合而成的咖哩粉

咖哩粉的香料調配比例　3～4人份的咖哩粉，每種香料以1/4小匙為標準。至於增色用的薑黃則為2倍以上，當作基底的孜然為3倍以上，增添風味的芫荽為3倍，辣味來源的辣椒則依喜好調整，調出自己專用的分量。

豆瓣菜

Nasturtium officinale

飲料 | 料理 | 香氛 | 手工藝 | 除臭 | 其他

科名	十字花科豆瓣菜屬
別名	和蘭芥子（日）、Cresson（法）、水芥
原產地	歐洲、中亞
生長習性	多年草
開花期	5～6月
利用部分	葉、莖
利用方法	葉與莖可當料理的配菜，或運用於醬汁、香草茶
保存方法	葉乾燥

生長在山間清流的豆瓣菜。充滿新鮮的辣味。

葉和莖都很軟，口感爽脆。如同「和蘭芥子」這個名稱，放入口中就會散發出辣味。入冬後，有些地方依然可見其茂密的綠葉。新芽萌生的春天為盛產季節。

這是在明治時代隨著飲食西化而傳入日本的歸化植物。只要有穩定的水流，即使在排水溝也能生長，繁殖力強。

豆瓣菜的營養價值高，富含維生素C、β胡蘿蔔素、鈣質等。且跟山葵一樣含有黑芥素（Sinigrin），此物質會和酵素起反應，轉變成具抗菌性的獨特辛辣物質。

雞肉佐豆瓣菜醬

美麗的鮮綠色

【2人份材料】雞腿肉2片，大蒜1瓣，豆瓣菜1把，麵粉、牛奶、奶油各適量，法式清湯1杯，橄欖油、鹽、胡椒少許

【作法】
①豆瓣菜燙好後放進食物調理機打碎。
②用奶油炒麵粉，再加入溫牛奶與法式清湯做成白醬。
③將①和②混合在一起，加入鹽、胡椒調味，充分拌勻。
④用蒜油煎雞腿肉。
⑤④煎熟後淋上③即可。

豆瓣菜茶
呈現清爽的黃綠色，帶有些許酸味和甜味。放涼很好喝。

豆瓣菜的乾燥葉
乾燥後可泡香草茶或點綴湯品。

香料當中香氣特別強烈的熱帶植物花蕾。

丁香

Syzygium aromaticum

飲料　料理　香氣　手工藝　除蟲　其他

科名	桃金孃科蒲桃屬
別名	丁子（日）、Clove（英）
原產地	印尼
生長習性	常綠喬木
利用部分	花蕾
利用方法	花蕾可為料理增添香氣
保存方法	花蕾乾燥

＊日本未生產

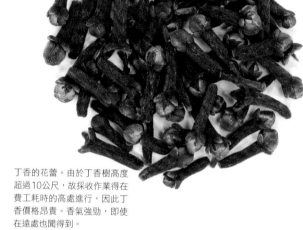

丁香的花蕾。由於丁香樹高度超過10公尺，故採收作業得在費工耗時的高處進行，因此丁香價格昂貴。香氣強勁，即使在遠處也聞得到。

印度綜合香辛料

這是用於印度料理的綜合香料。以肉豆蔻、肉桂和丁香當作基底，再加入各式各樣的香料，有時種類多達數十種。每個家庭的調配方式皆不同，因此又有「家庭味」之稱。

肉豆蔻
→ P114

肉桂
→ P70

丁香

丁香茶

滋味清新，香味十分強烈。

由於外觀像「釘子」，在中國又稱為「丁子香」，在日本則稱為「丁子」，法文名稱「Clou」據說也是釘子之意。

這個外形像釘子的茶色香料並非果實，而是丁香的花蕾。混合了甜甜的香草蘭般、充滿異國風味的香氣為其特色，開花之後香味就會消失。這股強勁的香氣是西歐肉類料理不可或缺的一味。

丁香的香氣　丁香被視為最香的香料，其香味來自丁香酚，肉桂（→P70）亦含有這種精油成分。在日本很有名的印尼香菸即運用了這種香味，此外也作為醬汁等食品的香料。

熟悉的筷子與牙籤材料，散發芳香的落葉灌木。

釣樟

Lindera umbellata

 飲料　 料理　 香氛　 手工藝　 染色　其他

科名	樟科山胡椒屬
別名	黑文字（日）
原產地	日本（本州、四國、九州）、朝鮮半島、中國
生長習性	落葉灌木
開花期	4月
利用部分	葉、枝
利用方法	葉與枝可泡健康茶；枝為牙籤與筷子的材料
保存方法	葉、枝乾燥

釣樟的枝條。嫩枝（莖）為偏黑的深綠色，變粗之後會變成褐色，質感粗糙。葉為前端狹細的披針形，邊緣平順。枝與葉受損就會散發獨特的香氣。初春萌發新芽的同時，葉腋也會綻放黃色小花。

乾燥葉。葉片也能泡成茶飲享受香氣。茶水呈淡金色，芳香濃烈。

釣樟為生長在山毛欅或櫟木等闊葉樹林裡的灌木。有些地方因過度開採而使數量減少。

釣樟茶
用枝煎成的茶飲。呈現難以想像的澄澈朱色，帶有甜味。

乾燥枝

牙籤的材料，亦是島根縣隱岐地區的名產「釣樟茶」。

這種灌木屬於可提煉樟腦的樟科，主要野生於山毛欅或櫟木等闊葉樹林裡。枝與葉含有松油醇（Terpineol）等，蒸餾後可保持芳香的精油成分，亦即是釣樟獨特香味的來源。

由於釣樟具有殺菌力，在日本多製成用於料理或糕點的筷子與高級牙籤，此外還可泡茶，或為化妝水、肥皂與燒酒增添香氣。同為山胡椒屬的大葉釣樟、三椏烏藥也有類似的香味。

煙燻鮭魚不可或缺的食材，日本人也很熟悉其獨特的風味與酸味。

續隨子

Capparis spinosa

科名	山柑科山柑屬
別名	西洋風蝶木（日）、Caper（英）
原產地	地中海沿岸
生長習性	常綠蔓性灌木
利用部分	花蕾、果實
利用方法	花蕾、果實用於料理
保存方法	鹽漬或醋漬花蕾和果實

＊日本未生產

續隨子的花蕾。續隨子為常綠蔓性灌木。莖有刺（亦有無刺的種類），生卵形葉，綻放有許多雄蕊的白花。採收開花前的綠色花蕾和果實利用。圖片為用醋醃漬的續隨子。

用醋醃漬的續隨子果實。長梗的前端結了約3公分大小的果實。

果實裡含有大量種子。具有增進食欲的風味。

日本有進口醋漬與鹽漬的罐裝續隨子。

這是原產於地中海沿岸地區的落葉蔓性灌木。花蕾與果實可當作料理的配菜，常出現在前菜裡，是日本人也很熟悉的味道。

乾燥之後風味會流失，因此多利用鹽漬或醋漬來保持風味，具有獨特的香氣與酸味，是煙燻鮭魚不可或缺的材料，搭配奶油也很對味。

發揮續隨子的香氣

茅屋起司續隨子風味的煙燻鮭魚

煙燻鮭魚隨意切片後，拌入茅屋起司。接著混合鹽、胡椒、檸檬和續隨子，調味後跟煙燻鮭魚拌在一起即可。

續隨子的芳香成分 主要的芳香成分為奶油富含的葵酸（Capric acid），有解毒與健胃的作用，最適合作為配菜與易變質的生魚料理一起享用。

餐桌上必備的香辛料，非辣椒與胡椒莫屬。
日本人的飲食生活中不可或缺的終極香料。

胡椒
Piper nigrum

飲料　料理　香氛　手工藝　染織　其他

科名	胡椒科胡椒屬
別名	Pepper（英）
原產地	印度
生長習性	常綠蔓性灌木
利用部分	果實
利用方法	果實乾燥後用於料理
保存方法	果實乾燥、鹽漬

＊日本未生產

胡椒的果實。胡椒為長達7～8
公尺的蔓性灌木，雌雄異株。
葉呈前端尖細的卵形，開穗狀
白花，結5公釐大小的果實。
果實即為胡椒的材料，按處理
方式可製成黑胡椒與白胡椒等
產品。

黑胡椒（左）與白胡椒的果實。目前較
普遍的使用方法是購買完整果實，再以
磨粉機研磨。

在熱帶亞洲可發現野生種，不過基本上
胡椒都是在農場栽種。印度、印尼、馬
來西亞、巴西等地的產量都很高。
圖片為馬來西亞砂拉越州（Sarawak，
婆羅洲島）的農場。

說到香料就會想到「胡
椒」，這可說是全世界最常見
的香辛料。大航海時代為追求
胡椒帶來的權益，西歐諸國還
曾互相爭奪建立殖民地。

日本是在江戶時代從中國
進口胡椒，因此沿用中文名
稱。令人意外的是，胡椒要比
辣椒更早引進日本，人們把胡
椒撒在白飯或烏龍麵上食用。

依照製作手續的不同，可
生產出白、黑、綠、紅四種胡
椒，日本常見的是黑胡椒與白
胡椒。

四種胡椒

完整果實

完整果實

粗粒

粉末

粗粒

粉末

白胡椒

White pepper。剝掉成熟果實的皮，將裡面的種子充分乾燥而成。味道沒有黑胡椒那般刺激，適合用於魚類料理。也可用來為拉麵等食物增添香氣。日本以前只有販售這種白胡椒。

黑胡椒

Black pepper。黑胡椒是在胡椒果實完全成熟前採收，清理乾淨後日晒乾燥而成。辣味強勁，適合用於肉類料理。味道會隨研磨方式改變，購買完整果實比較方便運用。

紅胡椒

Pink pepper。容易被誤認為成熟的胡椒果實，日本進口的幾乎都是跟胡椒不同種類的漆樹科胡椒木的果實。紅胡椒用此果實乾燥而成，沒有辣味，帶了一點甜味。

綠胡椒

Green pepper。採收尚未成熟的胡椒果實，經過乾燥或鹽漬後用於料理上。果實柔軟味道溫和，不過仍有胡椒的辣味。

四色胡椒

把上述四種胡椒混合在一起，可運用於講究色澤的沙拉醬等醬料。辣味依混合的胡椒量而改變，需留意分配的分量。

購買完整果實的必需品
方便的磨粉機

磨粉機是磨細胡椒等各種香料的必需品。種類很多，從方便的電動磨粉機，到最近常見、結合了香料容器的磨粉器都有。不過，磨粉機不易磨出細緻的粉末，用研磨缽或直接購買粉狀香料較無這種問題。

胡椒的辣味 胡椒的辛辣成分來自胡椒鹼（Piperine），據說這種物質能促進維生素吸收。胡椒顆粒越細辣味越強，此外也容易溶於油裡，可說是適合肉類料理與拌炒的香料。

黑胡椒（野生種）

Wild black pepper。原產於印尼的野生黑胡椒，為長度10公尺以上的蔓性植物之果實。其果實比黑胡椒小，約2～3公釐。顏色近似黑胡椒，跟山椒一樣小顆卻辣味十足。

長胡椒

Long pepper。果實不是圓形，而是3公分左右的長條狀。日本沖繩縣也有栽種，稱為「島胡椒」或「假蓽拔」，是運用於豬肉料理或豬肋骨湯麵的香辛料。辣味比黑胡椒溫和。

充滿香料的香味　燻製雞翅腿

【材料】
按人數準備雞翅腿，鹽、黑胡椒少許
【作法】
①雞翅腿先燙熟。
②將雞翅腿排在方形淺盤裡，撒上鹽和黑胡椒，靜置1個小時（也可以撒上喜歡的香草）。
③將燻料（任何種類皆可）放進深底炒鍋裡以小火加熱，並鋪上網子排好雞翅腿。等雞翅腿烤成茶色即可。要注意火候。

脆脆的外皮口感堪稱絕品。

重返江戶時代　胡椒飯

【材料】
按人數準備白飯和高湯，黑胡椒和白胡椒
【作法】
①白飯加熱，盛入大碗裡。
②混合黑胡椒與白胡椒，用磨粉機磨成較粗的顆粒，撒在白飯上。
③將熱好的高湯淋在②上即可。
盡量選用上等的鰹魚乾仔細熬煮高湯，滋味會截然不同。當然也可使用市售的白醬油調味露。

辣味四溢，出乎意料的美味。

果實其貌不揚，富含酸味與香味的葉片風味卻十分迷人。

箭葉橙

Citrus hystrix

飲料　料理　香氛　手工藝　養蠶　其他

科名	芸香科柑橘屬
別名	瘤蜜柑（日）、 Tr p（越南）、Makrud（泰）、 馬蜂柑
原產地	印尼、馬來西亞
生長習性	常綠灌木
利用部分	果實、葉
利用方法	用於料理
保存方法	果實、葉乾燥

＊日本未生產

箭葉橙的幼樹。青翠的柑橘類常綠灌木，莖有尖刺。據說東南亞有不少人把樹種在庭院，以方便烹調時使用。日本也可以栽種。

約5公分大小的箭葉橙果實。凹凸不平的外觀很符合「瘤蜜柑」這個名稱。果肉很苦，故不使用，果皮則用來增添香氣。

箭葉橙的葉子，英文稱為「Kaffir lime leaf」。看起來像是2片葉子相連，其實左邊接近莖的部分是葉柄，柄兩側張開如葉片般的翼。這是柑橘類植物共同的特色。東南亞地區會利用葉片的香味。

滿滿的箭葉橙風味
泰式酸辣湯

只要有市售的冬蔭醬，以及蝦子、酸味香草檸檬香茅、添香用的芫荽和箭葉橙的葉子，就能做出世界三大名湯之一的泰式酸辣湯。清爽的香氣是一大魅力。

這是原產於熱帶亞洲的柑橘類植物。葉與果實充滿酸甜、微苦的香氣，多運用於東南亞各國的料理中。此外，果皮含有強烈的殺菌成分，某些國家將之作為藥物使用。

日本能在泰國料理食材店等地方買到進口商品，關東以南的地區亦可栽種。園藝店售有幼苗，可以由此開始種植。

栽培的注意事項　箭葉橙是生長於熱帶的柑橘類植物，在日本，沒有下雪或霜害問題的地區也可以栽種。應盡量避免種在冬季低溫及乾燥的環境，最好以盆栽方式於室內栽培。跟其他的柑橘類一樣，春至秋季需留意鳳蝶幼蟲的滋生。

誕生於非洲的香辛料，亦是日本人相當熟悉、日式料理不可缺少的食材。
備受矚目的優良健康食品。

芝麻
Sesamum indicum

科名	胡麻科胡麻屬
別名	胡麻
原產地	非洲、印度
生長習性	1年草
開花期	7～9月
利用部分	種子
利用方法	種子焙炒後用於料理
保存方法	種子乾燥

芝麻的苗。芝麻為株高可達1公尺左右的1年草，葉呈披針形。夏季開筒狀白花，秋季果莢（果實）裡藏有許多種子。這些種子就是作為食用的芝麻。品種很多，目前仍持續研發營養價值高的新品種。
（圖片攝於新潟縣魚沼市）

已結實的芝麻若放著不管，果莢就會自動破裂使種子飛散出來，所以要趁果莢完整時採收。

芝麻的花為白色或略微偏紅的桃色。花呈筒狀，各品種的形狀亦有差異。

由於原產自非洲，可以想見芝麻非常耐旱，容易栽培，是人類於公元前就使用的香料。

芝麻大致可分成多作食用的黑芝麻，以及含油量較多、亦用來榨油的白芝麻和黃芝麻三種，不過差別僅在於芝麻種皮的顏色（品種），風味沒什麼不同。此外，芝麻富含維生素、礦物質等營養素。

日本只在農家的非農忙時期栽種，其餘則仰賴進口。著名的產地為鹿兒島縣大島郡喜界町（喜界島），產量龐大。

白芝麻
經過清洗與乾燥處理的白芝麻，是最常見的水洗芝麻。白芝麻油分多，主要種來榨油。

黑芝麻
水洗黑芝麻。黑芝麻幾乎都是先焙炒再用於料理。直接吃味道也很豐富。

各種加工過的芝麻

太白油

又稱為太白芝麻油，是用未經焙炒的芝麻榨成的麻油。雖然沒有香味與風味，滋味卻很淡雅。

搗芝麻

用杵臼搗碎焙炒芝麻，有市售品。顆粒粗，會適度釋放油分，故香味與風味較重。

焙炒芝麻

用焙炒器焙炒過的芝麻。種皮焙炒後會散發香氣。一般說的芝麻就是指這種焙炒芝麻。

芝麻醬

將研磨芝麻再次研磨，利用釋放的油分拌成芝麻醬，再加入其他香辛料即可變成各種醬料。圖片為添加五香粉（→P65）而成的中華醬。

麻油

芝麻原本是為了榨油才栽種。圖片為原始的麻油，以焙炒芝麻榨成，用於一般料理。白芝麻榨成的油價格昂貴。

研磨芝麻

用研磨缽等工具研磨焙炒芝麻而成的市售品。具香味與風味，可直接用於涼拌菜或作為食材。

焙炒器。店家販售的焙炒芝麻是用工廠的焙炒機製成，但只要有焙炒器，再備妥水洗芝麻即可自行焙炒出喜歡的味道，也可用來研磨芝麻和製作芝麻糊。

兩道可享受芝麻香氣與滋味的菜餚

芝麻豆腐

本來的作法是以葛粉水凝固芝麻糊，但改用市售的芝麻糊和太白粉也能輕鬆製作。是一道發揮芝麻風味的素食料理。

棒棒雞

以芝麻糊為基底，充滿酸甜滋味的中式菜餚。如果有棒棒雞的醬料，只要把醬料淋在蒸好的雞肉上即可。

芝麻的營養　芝麻除了有蛋白質、脂質、碳水化合物等基本營養素，更富含維生素與礦物質，被視為營養價值極高的健康食品。其中格外受到矚目的是，含有大量能夠預防細胞老化的抗氧化物質。

日本沒有的特殊刺激氣味，民族料理不可缺少的材料。
葉與莖可作為香草，果實可作為香料，是貴重的食材。

芫荽
Coriandrum sativum

飲料　料理　香氛　手工藝　醃漬　其他

科名	繖形花科芫荽屬
別名	Coriander（英）、香菜
原產地	地中海沿岸
生長習性	1年草
開花期	5〜7月
利用部分	葉、莖、種子
利用方法	葉、莖用於料理，乾燥後泡成香草茶；果實乾燥後用於料理
保存方法	葉、莖、種子乾燥

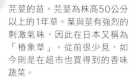

芫荽的苗。芫荽為株高50公分以上的1年草。葉與莖有強烈的刺激氣味，因此在日本又稱為「椿象草」。從前很少見，如今則是在超市也買得到的香味蔬菜。

芫荽的乾燥葉
將芫荽的葉子與柔軟的莖乾燥後打碎而成。可當作料理的香辛佐料。

芫荽茶
以乾燥葉沖泡而成的香草茶。色澤金黃，可品嘗甘甜的芳香。

芫荽的葉子，很像同為繖形花科的旱芹。裂葉，葉緣呈鋸齒狀。

芫荽的幼苗。這樣的大小仍會散發獨特的刺激氣味。日本亦可栽種。

在廚房用容器栽培的芫荽苗。常用來為料理增添香氣。

隨著泰式料理等民族料理的流行，現在也可在超市裡見到這種香味蔬菜。英文稱為「Coriander」，中文稱為「香菜」，泰文稱為「Pakchee」，其獨特的刺激香氣很符合香菜之名。

新鮮葉的味道有正反兩種評價，而乾燥種子研磨而成的香料，則具有甘甜的芳香，其風味與葉、莖不同，是印度綜合香辛料的重要材料。

可在家庭菜園輕鬆栽種，建議種來作為料理用香草。

生春捲

充分散發芫荽的香氣

【材料】按人數準備米紙、蝦子（也可換成甜辣口味的烤豬肉片）、小黃瓜，芫荽1把，沾醬材料（魚露、烤肉醬、胡椒等）

【作法】灑水還原米紙後，依序擺上芫荽（葉片按各人喜歡的量）、蝦子、小黃瓜（用小黃瓜增加春捲的分量），包捲起來即可。配色依包捲的方式而定。

魚露是沾醬的必備材料。

芫荽籽

直徑約2～3公釐，茶褐色。種子只要沒有傷痕，幾乎不會發出味道。

芫荽粉

用芫荽籽研磨而成。沒有刺激氣味，散發出不同於新鮮葉與莖的芳香。

芫荽的栽培　購買幼苗比較輕鬆，不過以種子栽種的話，植株會比較強韌。用花盆栽培的話，以10公分左右的間隔播2～3顆種子，發芽需20天以上，萌芽後要留意別澆太多水。株高20公分左右即可採收葉片使用。要注意別摘太多。

日本代表性香草。不僅可觀賞，還可當成木材以及櫻湯和櫻餅等
食品的添香材料、煙燻材料、民間偏方等。

櫻花
Prunus

科名	薔薇科李屬（櫻亞屬）
別名	染井吉野櫻 （最常見的品種名稱）
原產地	日本（各品種不同）
生長習性	落葉喬木
開花期	2～5月、10～11月 （各品種不同）
利用部分	葉、花、果實、樹皮
利用方法	可做櫻餅；花可做櫻湯；果實 生食；樹皮作為木工藝品、煙 燻材料
保存方法	葉、花鹽漬

大島櫻

日本櫻花代表之一。為生長在伊豆七島與其周邊的野生種，是樹高10公尺以上的落葉喬木。賞花的主角染井吉野櫻，即是大島櫻和江戶彼岸櫻雜交而成。帶有香味的葉片經過鹽漬後，可作為櫻餅的材料。東京都大島町為鹽漬品的主產地。

鹽漬櫻花
取八重櫻的花蕾，用梅醋和鹽巴醃漬而成。神奈川縣的名產。

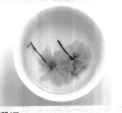

櫻湯
在白開水裡加入鹽漬櫻花而成的飲料。是日本婚禮等儀式的喜茶，含有抗氧化物質。

大島櫻的葉子。前端尖細的卵形葉，葉緣呈鋸齒狀。不同於其他櫻花，葉子上沒有細毛且帶有香氣，因此經鹽漬處理後，可當成櫻餅的材料食用。

大島櫻的花。較大的白色花朵為其特徵。4月上旬開花，梅雨季之前結出由紅轉黑的果實，可惜酸味過強不適合食用。

櫻花是落葉喬木，主要分布於北半球溫帶地區。說到日本人春季的重要活動。說到「賞花」就想到賞櫻，這可是日本人春季的重要活動。

包含園藝種在內，櫻花的品種繁多，著名的有賞花的主角染井吉野櫻（園藝種），染井吉野櫻的親本、可當成香草使用的大島櫻，以及樹皮可當作木工藝品材料或煙燻材料的山櫻（野生種）等等。

當成香草運用時，主要作為櫻湯或櫻餅等食品的添香材料。此外，樹皮也有解毒效果，可作為中藥材「櫻皮」。

鹽漬大島櫻葉。日本東京都大島地區會在初夏大量醃漬。

各種櫻花

山櫻
分布於日本東北南部至九州的野生種。花與葉並存（左圖），樹皮可運用於木工藝品、煙燻材料。

里櫻
里櫻是園藝種櫻花的通稱，多為重瓣花。可鹽漬作為櫻湯的材料。

染井吉野櫻
大島櫻與江戶彼岸櫻雜交而成，是日本代表性園藝種。秋季的紅葉也很美麗（左圖）。

上溝櫻
李屬的遠緣種，生長在深山裡。花蕾可鹽漬作為烤魚的配菜。

千里香櫻
花帶芳香而得此名。為大島櫻的變種，花很大朵（左圖）。

十月櫻
利用江戶彼岸櫻改良的園藝種。有兩次開花期，分別為3～4月和10～11月。

櫻桃 種來生食用的李屬植物果實。絕大多數來自野生在歐洲或北非的西洋櫻桃樹，有許多栽培用的品種。日本則有山形縣出產的「佐藤錦」等甜度高的品種，一旦進入梅雨季節就會開始上市。

紅花

Carthamus tinctorius

飲料　料理　香氛　手工藝　染色　其他

科名	菊科紅花屬
別名	末摘花（日）、Safflower（英）
原產地	埃及（不確定）
生長習性	1年草、越年草
開花期	6～7月
利用部分	花、種子
利用方法	花乾燥後可泡香草茶或做染料；種子榨油
保存方法	花、種子乾燥

製成乾花的紅花。株高約1公尺，葉呈前端狹細的卵形，特徵是葉緣帶刺。進入梅雨季節就會開黃花，之後花色逐漸變深，轉為橘紅色。紅花乾燥後仍可維持花色，製成乾花比較容易保存。

一整片耀眼的橘紅色花田。可作為花藝用的鮮花或加工品，在日本，除了山形縣，其他地方也看得到栽培景色（長野縣駒根市）。

鮮豔的橘紅色花朵除了泡成香草茶品嘗，還可製成撲撲莉之類的裝飾物品。

紅花的乾燥花
鮮紅色的乾燥花。亦是一種生藥。

紅花茶
用乾燥花沖泡，呈深琥珀色的香草茶。沒有特殊氣味，容易入喉。

紅花是飛鳥時代就引進日本的古老栽培植物。以山形縣的特產聞名，可惜染料的需求量少，大多用來生產加工品。

除了能製成染料外，種子還可榨油，當作沙拉油或人造奶油的原料。

當成香草運用時，可用乾燥花泡香草茶，或是為料理上色，還能浸泡在燒酒裡製成紅花酒。紅花亦是有助於改善婦女病的健康食品，因而重新受到矚目。

可為料理上色、添香，還能當成生藥的高貴香草。

番紅花
Crocus sativus

飲料　料理　香氛　手工藝　染色　其他

科名	鳶尾科番紅花屬
別名	Saffron（英）、藏紅花
原產地	地中海沿岸
生長習性	多年草
開花期	10〜11月
利用部分	雌蕊
利用方法	雌蕊可泡香草茶或用於料理
保存方法	雌蕊乾燥

番紅花的花。淡紫色的秀氣花朵，5瓣，1朵花含有3根可供利用的雌蕊。

番紅花的雌蕊。用來為料理添香、上色或作為藥物使用。

除了露天栽種，番紅花以水耕栽培也很容易開花。各位一定要試著挑戰。

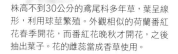
株高不到30公分的鳶尾科多年草，葉呈線形，利用球莖繁殖。外觀相似的荷蘭番紅花春季開花，而番紅花晚秋才開花，之後抽出葉子。花的雌蕊當成香草使用。

觀賞用的秋水仙，跟番紅花一樣於秋季開花。有毒，需留意。

乾燥雌蕊
1朵花只能採收3根雌蕊，換算起來堪稱價格不菲的食材。

番紅花茶
鮮橙色的香草茶，充滿獨特的芳香。對健康很有幫助，亦作為改善婦女病的生藥。

這是用來為馬賽魚湯或西班牙海鮮燉飯等食物上色、添香的香草。利用部位為紫花裡的三根深紅色雌蕊。將其乾燥後，可運用於料理等方面使用，體產生黃色色澤。

日本最大產地為大分縣竹田市，占全日本生產量80％以上。

番紅花飯 用番紅花上色的米飯，印度料理之一。作法很簡單（3合份，1合＝150g），①將20根左右的番紅花雌蕊放進適量熱水裡發色。②把①加進3合洗好的米裡炊煮即可。連同雌蕊一起炊煮顏色會出現濃淡變化。

熟悉的筷子與牙籤材料，會散發芳香氣味的落葉灌木。

山椒

Zanthoxylum piperitum

飲料　料理　香熏　手工藝　改量　其他

科名	芸香科花椒屬
別名	椒（日）、花椒
原產地	日本（北海道至九州）、朝鮮半島
生長習性	落葉灌木
開花期	4～5月
利用部分	葉、果實
利用方法	葉、果實用於料理；果皮乾燥後作為香辛佐料
保存方法	葉、果皮乾燥；乾燥葉、果實鹽漬

3～4月冒出的新芽。又稱為山椒芽，是日本料理中的貴重食材。以手掌拍打便會發出香味。

山椒為生長於林邊或林地，高3公尺左右的落葉灌木。莖對生尖刺，外觀相似的翼柄花椒則是互生尖刺，可以此作為區別。不少人將其當成園藝植物栽培，市面上亦有販售無刺的品種。

花芽。又稱為山椒花，跟山椒芽一樣是燉煮滷菜等日本料理的食材。

山椒為芸香科的落葉灌木，古時候日本稱其為椒（Hajikami）。和日文生薑古名相同，不過這個名稱原本指的是山椒。葉、果實和花都有一股嗆鼻的獨特刺激氣味。

初春的新芽「山椒芽」、花芽、未成熟的綠色果實，以及成熟果實的果皮各有獨特的利用方式，是日式料理中貴重的食材。野生於中國的山椒果實稱為花椒，是中式料理不可或缺的五香粉主要原料。

市面上售有幼苗，由於鳳蝶幼蟲會吃山椒葉，栽培時需要留意。

高度4公尺左右的山椒樹。自然生長於野山裡的植株也不少。

山椒的乾燥葉
自然成長乾燥的葉子。以磨粉機磨碎後再使用。

乾燥葉香草茶
色澤比果皮泡的茶飲淡，味道清爽。有薄荷般的清涼感。

山椒的果皮
成熟的紅色山椒果實乾燥後，去除黑色種子而成。

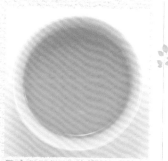

果皮香草茶
呈淡黃綠色，味道比乾燥葉泡的茶飲更重。清涼感強勁。

由2公分左右的小葉組成的奇數羽狀複葉互生於莖上。嫩芽又稱為「山椒芽」，可作為呈現春天氣息的香辛佐料，或是「山椒芽味噌」的材料。

山椒芽味噌的作法 【材料】山椒嫩葉1碗，味噌100g，味醂1大匙，砂糖1大匙，酒1大匙。【作法】取下莖後，將山椒葉放進食物調理機打碎。把山椒葉以外的材料充分拌勻，跟打碎的葉子混合後，以小火加熱。水分煮乾即可。

成熟的果實

去除黑色種子，僅保留果皮使用。除了用於七味辣椒粉，亦是調理蒲燒鰻的重要香辛佐料。

未成熟的果實

又稱為「山椒實」，可直接用醬油滷煮，或做成山椒小魚乾。

春天的新芽

這種大小的「山椒芽」被視為珍貴的食材。

發揮山椒的辣味與香氣

麻婆茄子

【2人份材料】茄子3根，豬絞肉100g，大蒜1瓣，豆瓣醬與五香粉各1小匙，雞高湯（用高湯粉泡成）200cc，沙拉油、太白粉、醬油、蔥、麻油各適量

【作法】
①茄子切好後用沙拉油拌炒。
②油用大蒜爆香後，炒豬絞肉。
③混合①和②，倒入高湯燜煮。煮熟後，加入豆瓣醬、五香粉、太白粉水混合，以醬油調味，再放入蔥即可。最後淋上麻油增添風味。

只配飯也能享受嗆辣美味

滷煮山椒

用醬油、味醂、酒、砂糖滷煮未成熟的山椒果實。直接澆在飯上就很好吃，亦可當成料理的香辛佐料。是調理山椒的基本方法。

運用了山椒的傳統滋味

山椒小魚乾

用醬油、味醂、酒、砂糖滷小魚乾（日本鰻魚苗），再加入山椒實煮成。是運用山椒的京都小菜中極為基本的菜色。

運用山椒製成的綜合香料

五香粉
用來營造中式料理風味的綜合香料。依喜好的分量,將丁香、山椒、肉桂三種香料,以及八角茴香、陳皮、茴香當中的兩種,共五種香料混合而成。

④丁香　　　→ P47

①肉桂　　　→ P70

⑤山椒
(花椒)右圖為花椒粒

②茴香　　　→ P134

⑥陳皮　　　→ P100

③八角茴香　　　→ P77

山椒芽味噌
結合山椒嫩芽「山椒芽」和味噌,為日本獨特的香辛料。→P63最下方

七味辣椒粉
混合山椒、辣椒、罌粟籽、火麻仁、陳皮、青海苔、芝麻而成,為日本獨有的香辛料。→P108

五香粉的功能　麻婆茄子原本是用充滿豆味的豆瓣醬(本來不辣)產生濃醇度,再以花椒增添辣味。右頁的麻婆茄子則使用五香粉取代花椒提升辣味和香味。另外,炸物或肉類料理搭配運用五香粉調製而成的醬料也很美味。

跟青蒿一樣，於庭園綻放白色光輝。

綿杉菊

Santolina chamaecyparissus

飲料　料理　香氛　手工藝　除蟲　其他

科名	菊科綿杉菊屬
別名	Santolina（英）、薰衣草棉
原產地	地中海沿岸
生長習性	常綠灌木
開花期	6～8月
利用部分	葉、莖
利用方法	可作園藝用途；花、莖乾燥後可當作撲撲莉的材料或防蟲劑
保存方法	葉、莖乾燥

綿杉菊的枝條。特徵是細莖和葉子覆滿綿毛，叢生的植株看起來閃閃發亮，可成為庭園的重點裝飾。枝條能夠扦插繁殖。

上／綿杉菊的葉子，外觀很像杉木的新芽。會散發甜甜的香氣。
下／當成香草運用時，使用的是綿杉菊的乾燥枝。

用綿杉菊製成的撲撲莉

用乾燥的枝條做成撲撲莉。充滿芳香，可當作銀白色的裝飾。

這是菊科的常綠灌木，大一點的可以長到50公分左右。莖分細枝，蕾絲狀細葉覆滿白色綿毛。其美麗的銀白色光輝深受喜愛，因此多作為庭園裝飾這類園藝用途。

由於葉子帶有甜甜的香味，當作香草運用時是連枝帶葉採收，乾燥後用來製作花圈、香囊、撲撲莉等物品。其香味還有防蟲效果，與青蒿（→P19）之類的植物合併使用效果更佳。

叢生於前庭的綿杉菊。白色的光輝很適合與其他植物混植，多作為園藝用途。

可當成香辛佐料與天麩羅的材料，是日本最常見的香草。

紫蘇
Perilla frutescens

飲料　料理　香氛　生活美　綠意　其他

科名	唇形花科紫蘇屬
別名	大葉（日）
原產地	中國南部、喜馬拉雅山至緬甸
生長習性	1年草
開花期	8～9月
利用部分	葉、花、未成熟的果實（花穗）
利用方法	葉、花用於料理
保存方法	葉、果實乾燥

青紫蘇的未成熟果實。摘下後做成鹽漬果實。

紫蘇為株高可達80公分左右的1年草。葉呈卵形，邊緣有大鋸齒，全株都有香味。6～7月為盛產季，葉片顏色鮮豔。8月長出花穗。

紫蘇為株高80公分左右的一年草。葉呈前端漸尖的寬卵形，邊緣有大鋸齒。莖多分枝，葉對生於枝端。跟鼠尾草、百里香、羅勒等其他唇形花科的香草一樣，全株都有香味。

代表性的品種有當作香辛佐料、綠色的青紫蘇，以及整體偏紅紫色、皺葉的皺紫蘇。

一株就能採收大量葉子，葉與初秋的花穗可作為食材、香辛佐料或料理的點綴等，利用方式相當多元。

青紫蘇的新芽，剛長出的本葉又稱為紫蘇芽。多當成生魚片的配菜。

紫蘇的品種　紫蘇品種繁多，基本品種為葉與莖呈紅紫色、葉片皺巴巴的皺紫蘇。此外，還有葉與莖都是綠色的青紫蘇，葉與莖紅紫色、葉片平整的紅紫蘇，葉子正面綠色、背面紅紫色的半面紫蘇。

紫蘇的利用方法

葉

紅紫蘇的葉片
進入梅雨季後會大量供貨以製作梅乾,可利用葉子製成紫蘇醋、紫蘇汁、紫蘇粉等食品。

青紫蘇的葉片
日文名「大葉」、全年供貨的香味蔬菜。常當作香辛佐料或用於點綴料理。

紅紫蘇的花穗。
花跟葉子不同,
為淡紫色。

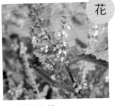

花 **果實**

青紫蘇的花
跟羅勒一樣為白色的舌狀小花。

採收青紫蘇的果實
枝端開剩的花穗上,果實變得柔軟時即是採收的時候。

用來當作生魚片配菜的紫蘇花穗。圖中為開了4、5朵花的花穗。

乾燥過的青紫蘇果實
可泡香草茶或作為添香材料。

葉子正面為綠色,背面為紅紫色的半面紫蘇。花萼呈綠色,花則為淡紫色。整體偏紅的可像紅紫蘇那樣用來上色。

鹽漬青紫蘇果實
去澀後鹽漬而成的青紫蘇果實。可當作搭配紅豆麻糬湯的清口小菜。

青紫蘇香草茶
用青紫蘇乾燥葉(也可用乾燥果實)泡成的香草茶。呈金黃色,滋味豐富。

紫蘇汁
用紅紫蘇葉的煮汁和檸檬汁調成的果汁。酸酸的滋味,十分適合作為夏日清涼飲料。→P69

三種運用了紅紫蘇的食品
左/用紅紫蘇醋(梅醋)醃漬的醃生薑。
中/把釀造紅紫蘇醋的葉子乾燥後打碎而成的紫蘇粉。
右/用紅紫蘇醃漬的梅乾。

可為料理增色，
或當成調味料運用

紅紫蘇醋是製作梅乾與
醃漬物時不可或缺的醋。作
法很簡單，祕訣在於使用新
鮮的紅紫蘇。底醋用梅醋也
可以，不過若是單純為沙拉
醬等醬料添色，還是使用釀
造醋滋味會比較清爽。

【材料】紅紫蘇500g（2把多），鹽100g，梅醋
或釀造醋2杯

【紅紫蘇的挑選方法】選擇新
鮮、兩面膨軟、色澤鮮豔的葉
片。

② 把紫蘇葉放進調理缽裡，均
勻撒上50g的鹽，用手掌搓
揉。

① 從柄的末端摘下葉片，用水
清洗乾淨，然後放進濾網瀝
乾水分。

⑤ 倒掉澀液後，將梅醋均勻淋
在紫蘇葉上，醋要蓋過葉
子。

④ 加入剩下的鹽，重複前一個
步驟擠出澀液。汁液逐漸變
成紅色。

③ 揉一揉就會滲出澀液，全部
釋出後把汁液倒掉。

⑥ 經過一段時間，等醋變成深
紅色即可。之後再把醋和葉
子分開，裝入容器裡。

左為醋漬紅紫蘇。
可直接使用，或乾
燥後製成紫蘇粉。
右為紅紫蘇醋。可
用於沙拉醬或醃漬
物。

紫蘇汁的作法 【材料】紅紫蘇1kg，檸檬汁與砂糖各1杯，水4杯。【作法】①按照紅紫蘇醋的作法準備葉片。②將1/3的葉子放
進鍋裡水煮。等葉片變成綠色後，擠乾水分撈出，再放入1/3的葉子，用同樣的步驟煮完所有葉片，製作煮汁。③在煮汁裡加入砂
糖。④熄火放涼，加入檸檬汁就成了紅紫蘇汁的原液。

甜辣的香氣，除了能為糕點、紅茶和咖啡添香，
還可當作拌炒等料理的提味佐料，用途廣泛的古老香料之一。

肉桂
Cinnamomum verum

科名	樟科樟屬
別名	Cinnamon（英）、錫蘭肉桂、桂皮
原產地	印度、斯里蘭卡（中國肉桂為中國南部至越南）
生長習性	常綠喬木
利用部分	樹皮
利用方法	樹皮乾燥後作為料理添香材料或醃料
保存方法	樹皮乾燥

＊日本幾乎沒有生產

又稱為「錫蘭肉桂」的肉桂樹。為樹高5公尺以上的常綠樹，葉大呈卵形。葉片跟樟樹的葉子很像，葉脈分成3條，長度可達20公分左右。其葉片醒目，在日本是當成觀葉植物栽培。

肉桂粉
甜甜的清香為其特色。一般家庭不易將肉桂棒磨成粉末狀，購買肉桂粉較為方便。

肉桂茶
用肉桂粉泡成的香草茶。帶有甜味，會散發出高雅的肉桂香氣。

肉桂帶有甜甜的香氣，在日本是知名的香料，有數種近緣種。當中被視為高級品、最古老的香料即是錫蘭肉桂，為野生於熱帶亞洲的常綠樹。

分布於中國南部與越南等地的肉桂也是樟屬植物，又稱為「中國肉桂」，是用於中式料理的綜合香料「五香粉」的原料。此外，日本也有野生近緣種「日本肉桂」，雖然帶有香味，但不當成香料使用。

錫蘭肉桂的樹皮，又稱「肉桂棒」。採下年輕肉桂樹的樹皮，去除表面凹凸不平的木栓層後乾燥而成。甜甜的迷人香氣是錫蘭肉桂獨有的特色，中國肉桂的氣味較強烈。

中國肉桂的樹皮。中國肉桂是錫蘭肉桂的近緣種，中國南部與越南等原產地都有栽種。外觀很像錫蘭肉桂，不過氣味較嗆鼻，少了錫蘭肉桂的溫和感。

日本肉桂的枝條。日本肉桂野生於日本福島縣以南海岸附近的錐栗、紅楠林裡，與錫蘭肉桂同為樟屬的近緣種。葉片摘下後會散發淡淡的甜香，可惜遠不及錫蘭肉桂的香氣。

中國肉桂粉。是中式料理的香辛料「五香粉」的主要香味來源。

充滿溫和的甜香　四道肉桂風味食品

肉桂捲。在麵團裡撒上肉桂糖再包捲起來，烤成麵包。能夠盡情品嘗肉桂甜香。

混合砂糖而成的肉桂糖。肉桂跟砂糖極為對味，可當成常備調味料，方便製作糕點時使用。

肉桂風味的糖煮蘋果。用肉桂糖煮成的甜點，建議附上酸奶油。

將肉桂棒放進紅茶裡沖泡而成的肉桂茶。可奢侈地享受肉桂的香氣。

肉桂的成分　肉桂的芳香來自丁香酚、桂皮醛（Cinnamaldehyde）、香豆素等化學成分。尤其丁香酚是錫蘭肉桂獨有的甜香來源，中國肉桂不含這個成分。目前已知香豆素攝取過量會引發肝功能障礙，須多加注意（運用於正常的飲食生則沒問題）。

常運用於香水與茶飲的甜香，令眾人著迷不已。

茉莉
Jasminum

飲料	料理	香氛	手工藝	染色	其他

科名	木樨科素馨屬
別名	素馨、雙瓣茉莉花
原產地	印度
生長習性	常綠蔓性灌木
開花期	6～11月（各種類不同）
利用部分	花
利用方法	花乾燥後當成香草茶、香水的材料
保存方法	花乾燥

素方花「白公主」。日本有名的園藝種茉莉，為多花素馨的近緣種。常綠植物，春至秋季開白花，花期長，帶芳香。

非洲茉莉。這是另一種屬於蘿藦科的植物，會開芳香的白花。葉片大，是很受歡迎的觀葉植物。

茉莉花茶。將雙瓣茉莉花放進中國綠茶裡，香味釋出後再取出飲用的高級茶飲。滋味清香。

茉莉的乾燥花
用品種之一的雙瓣茉莉花乾燥而成。是茉莉花茶的原料。

茉莉香草茶
呈淡綠色，帶有甜味的香草茶。單用乾燥花沖泡就很好喝。

有「芳香女王」之稱的茉莉是常綠蔓性灌木，花朵會散發迷人的甜香。除了當成香水原料，也常用來沖泡茉莉花茶。

品種繁多，有白色、粉紅色、黃色等花色，也是日本熱門的觀賞用庭木。品種之一的多花素馨，會於初春綻放許多白花，使周圍瀰漫著茉莉花香。

其他著名的品種還有雙瓣茉莉，可利用其白花沖泡茉莉花茶。

自古用來為西歐蒸餾酒「琴酒」添香的果實。

杜松子

Juniperus communis

飲料　料理　香氛　手工藝　時令　其他

科名	柏科刺柏屬
別名	Juniper berry（英）、歐刺柏、杜松
原產地	北歐、北亞、北美
生長習性	常綠喬木（針葉樹）
利用部分	果實
利用方法	果實用於添香
保存方法	果實乾燥

＊日本未生產

歐刺柏（杜松）的果實，又稱為「杜松子」，為5公釐左右的球體。最初為綠色，經過2年左右成熟轉為黑色。成熟果實當作香料使用。

杜松子粉。可用來搭配騷味較重的肉類，混在醬料裡增添食物香氣。

杜松子茶
用2～3顆杜松子沖泡而成的香草茶。茶水透明無色，滋味清淡。

用杜松子添香的烈酒「苦味琴酒」。透明無色，酒精濃度高。有不少雞尾酒是以琴酒調製。

歐刺柏為廣泛分布於歐洲北部至亞洲、北美洲的柏科針葉樹。可用來製作聖誕樹，整體呈圓錐形，葉簇生於枝上。雌雄異體。

結出的果實由綠轉藍黑，需經過2年才成熟，因此一棵樹上偶爾會同時出現藍色與黑色的果實。黑色的成熟果實當作香料使用，稱為「杜松子」。

杜松子不僅以蒸餾酒「琴酒」的添香材料聞名，亦可為鹿肉或兔肉等騷味較強的肉類料理增添香氣，或製成精華油用來提振精神。

　琴酒　一種蒸餾酒，據說是荷蘭醫生在醃漬有利尿效果的杜松子時發明。先以黑麥和玉米等原料釀造發酵酒，再於蒸餾過程中放入杜松子，利用蒸氣讓香味附著於酒中。在日本，人們會使用不甜的苦味琴酒調製雞尾酒。

不僅能夠入菜，夏天還可配味噌生食，
寒冬則可磨泥製成飲品取代感冒藥，是日本人一年四季不可缺少的香草。

薑

Zingiber officinale

飲料　料理

科名	薑科薑屬
別名	生薑、Ginger（英）
原產地	熱帶亞洲
生長習性	多年草
開花期	在日本幾乎不開花
利用部分	根莖
利用方法	根莖可生食，或作為香辛料
保存方法	根莖用各種調味料製成醃漬物，或乾燥保存

薑粉
當成香辛料運用於各式料理的粉末。市面上售有顆粒較細的加工品。

大生薑的品種之一「近江生薑」。圖片為可製成壽司甜薑片的新鮮嫩薑，肉質軟嫩。生薑會在前一年的塊莖（老薑）上長出嫩薑，兩者都可利用，性質十分特殊。

薑為株高50公分以上的多年草植物。直立而生，看起來像莖的部分是葉片包覆而成的偽莖，葉片則自上端抽出。日本除了九州南部和沖繩之外，栽培的薑幾乎都不會開花。利用部位為埋在地下的根莖，採收時則是取肥大的塊莖。

偽莖末端偏紅色的谷中生薑。「谷中」之名取自從前的生薑名產地——東京谷中。有香味，爽脆的口感正是初夏的滋味。為小生薑的品種之一。

中生薑，主要製成醃漬物等加工品。葉直立，比茗荷菜狹細。

英文稱為「Ginger」的薑，原產於熱帶亞洲。於3世紀傳入日本，成為日式料理不可或缺的食材。日本栽培興盛，根據大小分成三個種類，主要品種有谷中生薑等小生薑、三州生薑等中生薑、近江生薑等大生薑等等，不過風味沒有差別。

此外，還可按利用方法分類，如前一年生成、主要作為香辛料使用的老薑；新長出來、適合做醃漬物的嫩薑；帶葉、可生食享受辣味的帶葉生薑，以及紅色、當成料理點綴的軟化生薑等等。

作為園藝用途的野薑花。美麗的白花散發芳香，不過它跟生薑是不同屬的植物。

兩道生薑食品
享受溫潤的香氣與辣味

薑糖。把嫩薑切成厚片，用砂糖細細熬煮，煮軟後熄火放涼。之後再撒上細砂糖充分乾燥即可。

薑湯。按人數在小鍋裡倒水，放入適量砂糖與薑泥後加熱。煮滾後關火，加入適量太白粉水勾芡，再滴些檸檬汁即可。是治療感冒的特效藥。

這些乾薑是用島根縣出雲市斐川町出西地區生產的出西生薑乾燥而成，全日本僅有此地生產。出西生薑為小生薑的一種。拇指大的塊莖幾乎沒有硬纖維，水分飽滿。乾燥後纖維質也不多，因此容易加工成方便調理的粉末。

出西生薑粉。用磨粉機磨碎出西生薑而成的粉末。若改用其他品種，只要挑選纖維柔軟的嫩薑，充分乾燥後亦能製成粉末。

生薑的成分 生薑根莖的辣味來自薑辣素（Gingerol）、薑烯酚（Shogaol）、薑酮（Zingerone）這三種成分。三者皆有提高新陳代謝與殺菌的作用。另外，生薑還含有桉樹腦（Cineol）這種香味成分，據說有增進食慾的功能。

又稱為「牛皮菜」，顏色豐富的地中海原產葉菜類蔬菜。

瑞士甜菜

Beta vulgaris var.cicla

飲料　料理　薰香　手工藝　驅蟲　其他

科名	藜科恭屬
別名	不斷草（日）、牛皮菜、Swiss chard（英）
原產地	地中海沿岸
生長習性	2年草
開花期	5～6月
利用部分	葉
利用方法	葉用於料理
保存方法	葉片汆燙後冷凍保存

近似菠菜的卵形葉長度可達20公分左右，富含維生素與礦物質。

看似沒有莖，葉直接從根部長出的根生葉。株高50公分以上，第二年初夏抽薹（長出花莖）開黃綠色小花。利用部位為葉片。

日本園藝店是以「瑞士甜菜」的名稱販售幼苗，而非「不斷草」。

享受爽脆口感
瑞士甜菜沙拉

若要享受瑞士甜菜的繽紛色澤，沙拉是最好的選擇。在沙拉中拌入蘋果，以呈現瑞士甜菜的色彩。

紅色品種的瑞士甜菜，柄和葉都是鮮豔的紅色。

這是跟菠菜同屬藜科的二年草（發芽越冬後，於第二年春天開花結果的草），為北海道栽種的甜菜近緣種。跟白蘿蔔一樣會長出根生葉，整年都可採收，因此又名「不斷草」。

瑞士甜菜在日本有許多名稱，長野稱為「Kishana」，大阪稱為「Umaina」，岡山縣稱為「Amana」，沖繩稱為「Nsunaba」，多做成生菜沙拉或燙熟食用。

其他還有黃色、紅色、白色、桃色等色彩繽紛的品種，亦是受歡迎的觀葉植物。

又稱為「八角」的香料，含有跟茴芹相同的芳香成分。

八角茴香
Illicium verum

飲料　料理　香氛　手工藝

科名	八角茴香科八角屬
別名	唐樒（日）、大茴香、八角、Star anise（英）
原產地	中國南部、越南
生長習性	常綠喬木
利用部分	果實
利用方法	果實用於添香
保存方法	果實乾燥

＊日本未生產

上／星形的八角茴香果實。外形相似的日本莽草果實前端較尖銳。
下／裝在果莢裡的種子。茶色，扁平有光澤。

由於果實外觀呈星形，並含有類似茴芹的香味，故取名為八角茴香。與野生於日本的日本莽草（樒）為同屬植物，因為八角茴香是中國的植物，故在日本亦稱為「唐樒」。為常綠喬木，葉呈卵形。

發揮八角茴香的香氣
粽子

用香菇、紅蘿蔔等蔬菜，以及雞肉等食材熬湯，再用此高湯炊煮糯米做成粽子。高湯若添加含八角茴香的五香粉，將更能提引出香氣。

八角粉。西歐地區有時用來取代茴芹。

磨成粗顆粒的八角茴香。是五香粉的原料之一。

用來為燉菜等料理增添香氣的八角茴香。

這是原產於中國南部的常綠喬木。果實有八個角，故稱為「八角」。另外，英文名稱「Star anise」，則是「香味近似茴芹（→P17）的星形香料」之意。

事實上，茴芹和茴香也都含有其主要的芳香成分「茴香腦」，而八角和茴香皆是中式料理的香辛料「五香粉」（→P65）的主要香料。

野生於日本、當作佛堂裝飾的日本莽草為八角茴香的近緣種。兩者的果實外形相似，不過日本莽草的葉與果實皆有毒，不可食用，須多加注意。

八角茴香的利用方法　八角茴香在中式料理上多當成五香粉的一味，亦可單獨使用為豬肉或魚肉料理增添香氣。另外，獨特的形狀與香味能用來製作撲撲莉，內含的莽草酸（Shikimic acid）亦是流行性感冒藥物「克流感」的原料。

甜菊

Stevia rebaudiana

科名	菊科甜菊屬
別名	Stevia（英）、甜葉菊
原產地	巴拉圭、巴西
生長習性	多年草
開花期	8～11月
利用部分	葉、莖
利用方法	葉、莖用於增添甜味
保存方法	葉、莖乾燥

枝端於夏末至晚秋開出花徑5公釐左右的小白花。

甜菊的乾燥葉

花謝後採收的葉與莖甜度很高，多乾燥後再保存或利用。

甜菊株高可達50～60公分左右，葉呈細披針形，邊緣有鋸齒，近似馬蘭等野菊的葉子。莖多分枝。葉與莖的甜度很高。

檸檬香茅香草茶
甜菊的濃烈甜度

用檸檬香茅和甜菊的乾燥葉沖泡而成的香草茶。甜菊可為香草茶增添甜味。

這是原產自巴拉圭等南美國家的菊科多年草植物。葉與莖含有甜味成分「甜菊糖」，甜度為砂糖的300倍，一放入口中就會留下強勁的甜味。

甜菊是目前備受矚目、用來取代砂糖的甜味劑，不僅添加於食品與飲料當中，也運用於不含糖分的減肥食品。當成香草時，最簡單的利用方法就是當成甜味劑放進其他的香草茶裡。若採收較多的葉與莖，亦可用來製作糖漿。

風味近似日本的紫蘇粉，中東料理常見的酸味香料。

鹽膚木

Rhus coriaria

飲料　料理　香料　手工藝　染色　其他

科名	漆樹科鹽膚木屬
別名	Sumac（英）、漆樹
原產地	中東地區
生長習性	落葉灌木
利用部分	果實
利用方法	果實用於增添酸味
保存方法	果實乾燥

＊日本未生產

漆樹科的鹽膚木果實乾燥後磨成的粉末。酸味近似紫蘇粉（將製作梅乾用的紅紫蘇乾燥後磨成的粉末）。可以在日本的香料專賣店買到。

鹽膚木這種中東香料是從漆樹科的灌木採收下來的果實，因此以漆樹科的英文總稱「Sumac」命名。

市售的鹽膚木多為乾燥的完整果實或粉末，日本可在香料專賣店買到。帶有酸味，可凝縮肉類料理或蔬菜的滋味，是中東料理不可或缺的香辛料之一。另外，鹽膚木也是綜合香料「薩塔」的材料之一。

薩塔（Za'atar）

北非與中東的綜合香料。混合鹽膚木和焙炒芝麻，以及乾燥或新鮮的百里香與奧勒岡而成。撒在塗了橄欖油的麵包上非常美味。

百里香
→ P92

焙炒芝麻
→ P55

鹽膚木

清爽的中東風味
鹽膚木拌洋蔥

這是一道以鹽膚木涼拌洋蔥絲，並附上香煎羔羊肉的菜餚。鹽膚木的酸味很強，可讓人在吃羔羊肉時口內依舊保持清爽。

鹽膚木的其他食譜　鹽膚木有水果般的酸味，可活用這點添加在沙拉醬汁裡，或是像梅肉拌烤雞肉這道菜餚般，運用於香煎雞肉或白肉魚上。加在飲料裡也別有風味。

與秋季開花的園藝植物一串紅同屬，可入菜和藥用的香草。
多用來抑制肉類與魚類的腥味，且據說是香腸的英文語源。

鼠尾草
Salvia officinalis

飲料　料理　香氛　手工藝　除蟲　其他

科名	唇形花科鼠尾草屬
別名	Sage（英）、藥用鼠尾草、普通鼠尾草、庭園鼠尾草
原產地	地中海沿岸
生長習性	多年草或常綠灌木
開花期	7～9月
利用部分	葉
利用方法	新鮮葉或乾燥葉用於香草茶、料理
保存方法	葉乾燥

普通鼠尾草

又稱為庭園鼠尾草或藥用鼠尾草，是可食用的香草。為株高可達50～60公分左右的多年草植物，葉長超過10公分。夏季開白色或桃色的舌狀花。

普通鼠尾草的葉子。呈橢圓形，葉柄長，對生。特徵是覆蓋白色細毛，表面有格狀紋路。葉片採收乾燥後，可泡成香草茶或用於料理。

鼠尾草的乾燥葉
連柄帶葉乾燥而成。可用來泡香草茶。

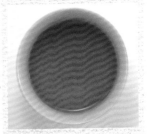

鼠尾草茶
呈淡琥珀色的香草茶。帶有些許苦味，不過香氣怡人。

從屬名Salvia（鼠尾草）可知，鼠尾草與秋天開花的一串紅（Salvia splendens）為同屬植物。但跟一串紅不同的是，以鼠尾草為名的植物很多，基本上作為食用的是「普通鼠尾草」（Common sage）這個品種。

橢圓形的皺葉為其特徵，葉子有獨特的芳香，過去主要用來取代茶葉。另外，鼠尾草也能抑制豬肉的騷味，在西歐是烹調肉類料理時不可或缺的香草。

紫水晶鼠尾草

Amethyst sage，又名墨西哥鼠尾草（Mexican bush sage）。秋季開覆有白毛的紫花，可製成乾花，是很受歡迎的園藝品種。

黃斑鼠尾草

Golden sage。特徵是橢圓形葉上有黃色雜斑，跟普通鼠尾草一樣，可當成香草增添香氣與食用。

鳳梨鼠尾草

學名：Salvia elegans。葉子有鳳梨的香味。可為料理添香或運用於芳香浴。

紫葉鼠尾草

Purple sage。葉片帶紅紫色的品種，除了作為園藝用途，葉子跟普通鼠尾草一樣，可泡香草茶或食用。

櫻桃鼠尾草

Cherry sage。株高可達1公尺左右，開許多小紅花。葉有芳香，但不適合食用。在園藝方面是很受歡迎的品種。

宇宙藍鼠尾草

Salvia sinaloensis 'Cosmic Blue'。葉有光澤，秋季會轉紅，並開湛藍色的花。

鼠尾草的利用方法

從入浴劑到肉類料理

除了泡香草茶，鼠尾草還能當作芳香浴的材料，利用方法十分多樣。其香味可抑制肉腥味，適合運用在肉類或魚類料理中。跟豬肉尤其對味，製作香腸時也會使用。順帶一提，據說香腸（sausage）的「sage」就是源自鼠尾草，可惜這項說法尚未獲得證實。

鼠尾草奶油 充滿香草風味的香草奶油不僅可以塗麵包，亦是適合義大利麵的食材。鼠尾草奶油可說是香草奶油的基本款。作法很簡單，奶油加熱融化後，加入切成細末的鼠尾草葉即可。鼠尾草的甜香令人心情愉悦。

來一杯芳香馥郁、滋味清爽的香草茶。

風輪菜

Satureja

飲料　料理　香氛　手工藝　特色　其他

科名	唇形花科香薄荷屬
別名	立木薄荷（日）、Savory（英）
原產地	地中海沿岸
生長習性	冬日種＝多年草；夏日種＝1年草
開花期	7～9月
利用部分	葉
利用方法	新鮮葉或乾燥葉可用於香草茶、料理
保存方法	葉乾燥

冬日風輪菜

莖會木質化的多年草植物。跟夏日種一樣對生披針形葉。帶有薄荷的香味與辣味，在西歐多作為烹調豆類料理時的香辛料。

冬日種的苗。即使是小苗，莖枝依然茂密簇生，夏季開淡紫色的花。

風輪菜的乾燥葉
葉片乾燥後可當作香草茶的茶葉，或磨成粉末當成香辛料使用。

風輪菜茶
用新鮮葉沖泡而成的新鮮香草茶。帶酸味，滋味清爽。

一如日文名稱「立木薄荷」，葉帶有薄荷的香味與辣味。知名的品種有夏日風輪菜與冬日風輪菜，前者為花謝結實就會枯萎的一年草，後者為莖會木質化的多年草。冬日風輪菜整年都可採收葉片，香味也很溫和。

新鮮葉與乾燥葉皆可泡香草茶，或是運用於豆類和肉類料理。據說風輪菜有幫助消化的效果，也是法國綜合香草「普羅旺斯香草」的材料。

82

氣味豐富多樣的香草。

天竺葵
Pelargonium

飲料　料理　香氛　手工藝　除蟲　其他

科名	牻牛兒苗科天竺葵屬
別名	香葉天竺葵
原產地	南非
生長習性	多年草
開花期	4～11月
利用部分	花、葉
利用方法	花、葉用於增添香氣
保存方法	花、葉乾燥

蘋果天竺葵的花。花也有香味。

玫瑰天竺葵

香葉天竺葵的代表品種。為株高可達1公尺以上的多年草植物，全株散發玫瑰的甜香。初春至初夏開桃色小花。

蘋果天竺葵

全株散發蘋果般的酸甜香氣。香葉天竺葵裡可當成香草使用的，多為小花小葉的品種。

欲栽種香葉天竺葵時，可購買強韌的幼苗，或是以扦插方式繁殖。

天竺葵屬的植物繁多，而香葉天竺葵是可作為香草的知名品種。特徵是葉與花皆有香味，並如玫瑰天竺葵這樣，以「香味（玫瑰）＋天竺葵」的方式命名。當中也有帶果香或香料味的品種，多用來為芳香精油等產品增添香氣。

玫瑰天竺葵的葉片。特徵是葉緣為5深裂。會散發芳香。

其他的香葉天竺葵 　除了玫瑰品種外，還有杏子、葡萄柚、椰子、肉桂、薑、草莓、巧克力、胡椒薄荷、肉豆蔻、榛果、檸檬等等。香味豐富多樣到不可思議的程度。

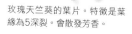

常見於春天涼拌菜與冬天火鍋的食材，充滿芳香的日本傳統香草。

水芹
Oenanthe javanica

自然生長於田地的野生種葉子。長柄前端為菱形小葉組成的複葉（二回羽狀）。最初小葉偏圓狀，長大後變成菱形。葉柄口感爽脆美味，多跟帶有香味的葉子一起做成涼拌菜，或當成燉菜、火鍋等的配菜。

科名	繖形花科水芹屬
別名	白根草（日）
原產地	東亞一帶
生長習性	多年草
開花期	7～8月
利用部分	葉、莖
利用方法	葉、莖用於料理
保存方法	葉、莖乾燥，或汆燙後冷凍保存

植株有一半泡在沼澤裡，冒出嫩芽的水芹。小葉偏圓形，整體皆柔軟。

毒芹。跟水芹一樣生長在溼地的有毒植物。特徵是地下莖很粗，有節。

市售栽培種的葉子。這是柄比野生種長的水芹菜。有些地方會連根一起食用。

水芹是生長在田地或沼澤等明亮溼地的繖形花科多年草植物。直立的柄自伏臥地面的莖抽出，前端為菱形小葉組成的複葉。進入梅雨季後，開出小白花組成的花序。

日本地區一般都是採收「田芹菜」這種野生種，當地市面最近也有人工栽培的「水芹菜」，葉柄長，可享受到爽脆的口感。

水芹與日本傳統的飲食生活息息相關，跟薺菜同為「春天七草」之一。

香氣獨特，最適合作為湯品、燉菜與肉類料理的提味佐料。

旱芹

Apium graveolens

飲料　料理　香氣　手工藝　染色　其他

科名	繖形花科芹屬
別名	和蘭三葉（日）、西洋芹、芹菜、Celery（英）
原產地	歐洲
生長習性	1年草
開花期	6～9月
利用部分	葉、葉柄、種子
利用方法	葉、葉柄用於料理；種子作為香料
保存方法	葉、種子乾燥

旱芹葉的前端部分。畢竟是繖形花科的植物，葉跟水芹、芫荽的葉子一樣由小葉組成。葉子不適合生食，但可用來為湯品等食物增添香氣。

又名「芹菜」的中國旱芹。葉柄細，香味濃，為旱芹的原種。亦稱為湯芹。

旱芹為株高可達60公分以上的1年草植物。葉生於層層包覆的黃色長形葉柄前端。夏季莖頂抽薹開小花。葉柄和葉子為利用部位，結出的種子亦可乾燥作為香料使用。

旱芹的乾燥葉

旱芹葉乾燥後切碎而成。可泡香草茶，茶水呈漂亮的金黃色，滋味清爽。

旱芹粉

用研磨缽把乾燥葉磨成粉末。方便為料理提味時使用。

這是原產於歐洲的繖形花科一年草植物，全株充滿獨特的濃烈香氣。因此過去日本人不常利用旱芹，後來隨著飲食西化，這種黃綠色蔬菜才逐漸廣為使用。

一般的利用方法是生食葉子下方的黃色筒形葉柄，以及將其當成沙拉或湯品的材料。

在西歐，新鮮旱芹可當作綜合香草「法國香草束」的主材料，種子則作為肉類料理或燉菜的香料，又稱為「西芹籽」。

旱芹的別名　旱芹在日本又稱為「清正人參」，傳說旱芹是在豐臣秀吉出兵朝鮮時傳入日本，因此才以負責帶兵的加藤清正之名命名。另外，「和蘭三葉」的命名緣由則跟豆瓣菜（和蘭芥子）一樣，都是在江戶時代透過荷蘭船隻傳入之故。日本人是在戰後才大幅使用旱芹。

⑩荷蘭芹　　　→P126
亦可用義大利香芹

④番紅花　　　→P61
利用乾燥雌蕊為食物上色

①奧勒岡　　　→P28

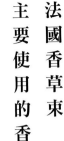

⑪茴香　　　→P134

⑤風輪菜　　　→P82

②大蒜　　　→P30

⑫黑胡椒　　　→P50
用於肉類料理

⑥旱芹　　　→P85

③芫荽　　　→P56

⑬白胡椒　　　→P50
用於魚類料理

⑦百里香　　　→P92

法國香草束（Bouquet garni）

⑭墨角蘭　　　→P144

⑧辣椒　　　→P104
配合喜好與烹調方式使用

⑮月桂　　　→P184

⑨羅勒　　　→P122

　「Bouquet garni」是法語「香草束」的意思。主要用於增添湯品或燉菜的香氣，以及去除肉類或魚類的腥味。挑選適合搭配食材的香草，再用粗棉線綁成一束放進鍋裡即可。

　使用的香草視地區、家庭、食材的不同而有所差異，新鮮香草或乾燥香草皆可，旱芹基本上都用新鮮的。人人都可製作出充滿自我風格的香草束。

86

蔬菜燉肉鍋（Pot-au-feu）

運用法國香草束營造豐富的香氣

將紅蘿蔔、蕪菁、洋蔥、馬鈴薯等喜歡的蔬菜切成大塊，再跟牛肉或雞肉一起燉煮的料理就稱為「蔬菜燉肉鍋」。運用自製的香草束使風味更加豐富。

【2人份材料】
肉（這裡使用豬肉）適量，馬鈴薯（大）1顆，紅蘿蔔1根，洋蔥（大）半顆，香菇2朵，香草束，鹽和胡椒、法式清湯各少許，水、橄欖油適量

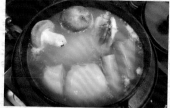

【作法】
①蔬菜切成大塊，用橄欖油拌炒。
②肉撒上鹽和胡椒後，煎一下表面。
③按①和②的分量，在鍋子裡倒入適量的水，把①和②、香草束放進去煮。

④將法式清湯加入③裡，把多餘的旱芹葉蓋在上面。
⑤等蔬菜和肉煮軟後，加鹽、胡椒調味。

⑥盛入容器裡即可。可另外汆燙四季豆之類的食材作為點綴。

旱芹的葉子

也有人不使用這個部分，新鮮葉與乾燥葉皆可當作香草茶的材料。

旱芹茶

用新鮮旱芹葉沖泡而成的新鮮香草茶。滋味清香，讓人想加點鹽和胡椒做成湯品享用。

露天栽種的旱芹。旱芹跟芫荽一樣，都是容易栽培的繖形花科植物。也可以用容器栽種，不過露天栽種的植株會越長越大。

香草束所用的香草、香料與食材的契合度 魚＝茴芹、奧勒岡、薑、細香蔥、百里香、蒔蘿、茴香、白胡椒、月桂等。肉＝多香果、大蒜、丁香、鼠尾草、肉豆蔻、黑胡椒等。香草束用來製作肉類料理的醬料也很美味。

色澤豔麗，可做成乾花的園藝植物。

千日紅

Gomphrena globosa

飲料　料理　芳香　手工藝　香草　其他

科名	莧科千日紅屬
別名	圓仔花
原產地	熱帶美洲
生長習性	1年草
開花期	7～11月
利用部分	花（苞葉）
利用方法	花乾燥後製成乾花，或泡香草茶
保存方法	花乾燥

株高可達50公分左右，多分枝，夏至秋季枝端開頭狀花。是很受歡迎的園藝植物。

千日紅的花（苞葉）。最初偏圓形，之後逐漸伸長變成筒狀。除了紅紫色外，還有白色、桃色等花色。是中國茶（花茶）的茶材。

綻放耀眼紅花的美洲千日紅。為千日紅的近緣種，花形極為相似。

千日紅的乾燥花
當作茶材使用的乾燥花。可在中式食材店買到。

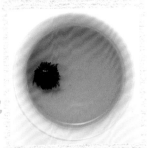

千日紅茶
呈現美麗的紅色，帶點甜味。很少單獨使用。

這是莧科（跟雁來紅同科）的一年草植物，因花乾燥後可常保色澤而取名為「千日紅」。其實花色並非來自花瓣，而是花朵底下的苞葉。

品種繁多，熱門品種有花朵為紅紫色的千日紅，以及花朵為紅色的美洲千日紅等等。

夏至秋季開花，由於花瓣很乾澀，通常用來製成乾花，或是作為綜合香草茶的茶材。

在日本稱為「酸葉」的山菜，可享受酸味的香草。

酸模

Rumex acetosa

科名	蓼科酸模屬
別名	酸葉（日）、Sorrel（英）
原產地	歐洲、亞洲
生長習性	多年草
開花期	5～8月
利用部分	葉、莖
利用方法	葉、莖用於料理
保存方法	葉、莖汆燙後冷凍保存

初夏的酸模（日本的野生種）。生長在日照充足的田地或草原、田間小路等環境，株高將近1公尺。根生葉呈長橢圓形，尾端為箭頭形狀。柄長。葉片含草酸而有酸味。雌雄異株。

自初夏開始綻放的酸模花。為小花組成的花穗。

栽培種的酸模。植株陸續生出的小型葉片會依序長大。小片葉子同樣含有酸味，最適合做成沙拉。

羊蹄。野生的環境跟酸模相同，兩者外觀極為相似。新芽有黏液，葉片亦有酸味，在日本是跟酸模（酸葉）一樣當成山菜採收使用。

酸模是蓼科多年草植物，廣泛分布於歐洲和亞洲。尤其在法國是很受重視的蔬菜，當地還有販售酸味溫和的栽培種酸模。由於葉片放入口中就有酸味，在日本稱為「酸葉」，過去當作山菜運用，目前也開始生產栽培種。可做成沙拉，或作為肉類料理的配菜。

酸模的酸味 酸模的特色是酸味很強，還帶了點苦味。這是來自酸模所含的草酸。芋頭和山藥也因為含有草酸（草酸鈣）而使人發癢，攝取過量會跟鈣質結合，有可能對人體產生各種影響。蓚酸（草酸）的「蓚」字在中文即是指「酸葉」。

在日本稱為「鬱金」的薑科植物。大家熟悉的咖哩色即來自其亮橙色的加工粉末。除了當作上色材料，也是重新受到矚目的健康食品。

薑黃
Curcuma longa

科名	薑科薑黃屬
別名	Turmeric（英）、黃染草（日）、鬱金、秋鬱金
原產地	熱帶亞洲
生長習性	多年草
開花期	7～9月
利用部分	根莖
利用方法	直接使用新鮮根莖或磨成粉末後用於料理
保存方法	根莖乾燥

薑黃為株高可達50公分以上的多年草植物。葉柄長，頂端生數片葉尖漸細的寬橢圓形葉。喜歡高溫潮溼的環境，日本伊豆半島、紀伊半島、四國、九州與沖繩都有栽種。

薑黃的花。初秋時分，花莖會自葉片之間抽出，頂端生有交疊的白色苞葉。

薑黃泥
把新鮮薑黃磨成泥，沖泡熱水並加入蜂蜜，即可享受薑黃湯的風味。

根莖剖面圖。中央部位橙色較濃。其色素可用來染布，或為醃蘿蔔、芥末粉等食品上色。

薑黃的根莖。塊莖以連接地上莖的地下莖為中心向旁邊生長。竹筍般的節為其特徵。

薑黃的栽培苗。寒冷地區會將根莖挖起，保存在溫暖的地方度過冬天。

使用具防蟲效果的薑黃染成的布。
可作為收納和服的布巾或包袱巾。

這是原產於熱帶亞洲的薑科多年草植物，在日本稱為「鬱金」。多將根莖乾燥後磨成粉末使用，新鮮的根莖薑黃亦可取代薑。特色是根莖帶有香氣與些許苦味，為烹調咖哩時的必備香料。

別名中的秋鬱金為秋季開花的品種，跟春季開花的春鬱金成分及種類皆不同。橙色來自於薑黃素，這種色素成分具有抗氧化作用，薑黃因此被視為健康食品。此外，用薑黃染色的布具有防蟲效果，可應用於收納和服的布巾等物品，利用範圍相當廣泛。

兩道運用薑黃的菜餚

鮮豔的溫暖色澤

薑黃飯

用溫水溶解薑黃粉後，加入米和奶油一起炊煮即可。作法簡單，可享受薑黃的風味與色澤。十分適合作為咖哩飯的米飯。

咖哩

在日本，薑黃是烹調茶色的英式印度咖哩時不可缺少的材料。用薑黃調配獨家口味的咖哩粉也很有樂趣。（→P45）

薑黃（秋鬱金）粉

特色是呈深橙色，帶有淡雅的苦味，並有類似薑的香味。

春鬱金粉

不同於秋鬱金的黃色為其特徵，是苦味濃烈的健康食品。

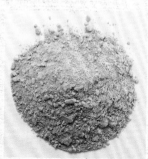

薑黃茶

清透的橙色茶飲。清淡的苦味能使胃部舒爽。

其他的薑黃 分布於熱帶亞洲的薑黃（鬱金）有很多同類，最廣為人知的就是作為食用的鬱金。其他還有藥名為「薑黃」的春鬱金；而藥效成分高，又稱為紫鬱金、白鬱金的「莪朮」也是知名的種類。亦有綻放美麗花朵的觀賞用品種。

利用葉片的芳香抑制肉類或魚類料理的腥味、為菜餚增添香氣的
代表性香草。亦是綜合香草「普羅旺斯香草」的材料。

百里香
Thymus

飲料　料理　香氛　手工藝　薰香　其他

科名	唇形花科百里香屬
別名	立麝香草（普通百里香的日文名稱）、Thyme（英）
原產地	歐洲
生長習性	多年草
開花期	4～6月、9～10月
利用部分	葉、莖
利用方法	新鮮或乾燥葉、莖用於香草茶、料理
保存方法	葉、莖乾燥

普通百里香

生1～2公分的卵形小葉，多分枝。由於莖會木質化，有時會被視為木本植物。小小的葉片帶有香味與些許苦味。

長大之後枝條叢生，很像林邊常見的野生灌木。

百里香的乾燥葉

百里香幾乎都是乾燥後再使用，且用於需加熱的料理。

百里香茶

透明無色但芳香馥郁，滋味清甜。

野生於日本伊吹山等地，充滿香味的伊吹麝香草。

這是唇形花科的多年草植物，種類繁多，主要當成香草使用的是又名「立麝香草」的普通百里香。簇生的小小葉片帶有香味。

早在古希臘時代人類就開始使用百里香，並將之視為勇氣的象徵。現代則稱百里香為「魚的香草」，利用它來消除

黃斑檸檬百里香

Golden lemon thyme。
檸檬百里香的變種，有
檸檬般的清爽香氣。可
泡香草茶或用於料理。

銀后百里香

Thyme 'Silver Queen'。特徵是葉
片有銀斑，全株會散發檸檬香氣。
適合園藝栽培，也可用於料理。

夏至秋季開花的
貓百里香。花朵
與銀色的葉子十
分相稱。

貓百里香

雖然不是百里香屬的植
物，但同樣帶有香味。跟
貓草一樣都是會吸引貓注
意的園藝種。

焦香四溢
香烤竹莢魚

【2人份材料】竹莢魚2片，香草麵包粉（麵包
粉、百里香、大蒜、鹽、胡椒）適量，橄欖油、
荷蘭芹少許
【作法】
①竹莢魚去頭去骨剖成2片，大蒜切末。
②把耐熱盤上塗抹橄欖油，竹莢魚肉朝上擺在盤
子裡。
③把香草麵包粉撒在②的上面，放進預熱到200
度的烤箱裡烘烤。
④烤10～15分鐘左右，待出現焦色即完成。最
後擺上荷蘭芹作為點綴。

金后百里香

Thyme 'Golden
Queen'。葉片有黃斑的
品種，會散發檸檬香
味。可泡香草茶或作為
食材。

魚肉的腥味、為菜餚增添香
氣，或泡香草茶飲用。此外也
是法國香草束（→P86）、普
羅旺斯香草（→P137）、薩塔
（→P79）等綜合香草的主材
料。

栽培百里香的注意事項　百里香可扦插繁殖，算是比較容易栽培的香草，但是不耐溼氣。一旦枝條過於密集時，就要改善通風；
水澆太多會爛根、枯萎，須多留意。開花後葉片的香味會變淡。

亦可生食，民族料理不可缺少的酸味香料。

羅望子

Tamarindus indica

| 飲料 | 料理 | 香葉 | 手工藝 | 雜音 | 其他 |

科名	豆科酸豆屬
別名	朝鮮藻玉（日）、Tamarind（英）、酸豆
原產地	熱帶非洲
生長習性	常綠喬木
利用部分	果肉
利用方法	果肉生食，或為料理增添酸味
保存方法	果肉打成醬

＊日本未生產

羅望子的果實。羅望子是生長在熱帶的常綠喬木，葉為小葉組成的羽狀複葉。開帶紅色條紋的白花，結長約10公分的果實，外觀像帶弧度的蠶豆莢。

果肉。果實外層為花生般的脆弱外殼，剝開後內層是焦糖色的果肉。取出裡面的種子後即可食用果肉。口感綿軟，滋味酸甜。

種子。去除羅望子的果肉後就能看到種子。深褐色，有光澤，可運用於手工藝品。

進口食材店販售的羅望子塊。使用方法為切下需要的分量，用熱水化開果肉，過濾成羅望子水後運用於料理。比例為200cc的熱水兌50g左右的羅望子。

清爽的自然酸味

羅望子風味乾燒蝦仁

作法跟普通的乾燒蝦仁一樣。祕訣在於改用羅望子水（參照下述）煮湯，不使用番茄醬，僅以羅望子的酸味調味。羅望子很酸，要注意別放太多。

這是烹調東南亞與印度料理時用來增添酸味的香料。採收自豆科喬木的果實並利用其果肉。新鮮的果肉有杏子般的酸甜滋味，可直接生吃；用熱水化開再過濾而成的羅望子水，則可當成醋使用。

羅望子是泰式料理中，酸辣湯與炒粿條（泰式炒麵）不可缺少的酸味料。也可添加在咖哩裡、調製印度甜酸醬（東南亞的醬料），或作為清涼飲料的原料等，利用方法十分多樣。

法式料理常見的香草，為醬汁與沙拉醬增添香氣。

龍蒿
Artemisia dracunculus

飲料　料理　　　手工藝　穀養　其他

科名	菊科蒿屬
別名	Tarragon（英）、Estragon（法）
原產地	俄國龍蒿＝美國；法國龍蒿＝俄國
生長習性	多年草
利用部分	葉
利用方法	葉用於為料理添香
保存方法	葉乾燥

＊日本未生產

龍蒿為株高可達50公分以上的多年草植物。與日本野生的艾草同屬，線形葉有香味。新鮮葉可入菜，乾燥葉則用於泡香草茶或為料理增添香氣。龍蒿主要利用根莖繁殖，因此是以幼苗栽培。

在日本不易購買幼苗來栽種。冬季會枯萎。

用白酒醋浸泡而成的龍蒿醋是法國的基本調味料。

龍蒿的乾燥葉
在日本不易買到新鮮葉，使用進口的完整乾燥葉較方便。

龍蒿茶
呈清爽的綠色，帶有些許特殊的苦味。

這是菊科艾（蒿↓P18）屬的植物，為艾草的近緣種。有俄國龍蒿和法國龍蒿兩種品種，香味較濃的法國龍蒿以「Estragon」（小龍之意）的法文名稱在市場上流通。

主要的利用方法就是運用近似茴芹（→P17）的芳香為料理增添香氣。此外，也常用來製作沙拉的醬汁，或是消除魚類或肉類腥味的醬料。而龍蒿醋是法國的基本調味料。

龍蒿的品種　龍蒿有兩個品種——原產自美國的俄國龍蒿，和原產自俄國的法國龍蒿，為原產地跟植物名稱不符的例子之一。法國龍蒿較常作為香草利用，由於沒有販售種子，故需以幼苗栽種。

西洋蒲公英

Taraxacum officinale

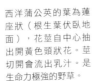

西洋蒲公英的葉為蓮座狀（根生葉伏臥地面），花莖自中心抽出開黃色頭狀花。莖切開會流出乳汁。是生命力極強的野草。

飲料　料理　香熏　手工藝　能量　其他

科名	菊科蒲公英屬
別名	Dandelion（英）
原產地	歐洲
生長習性	多年草
開花期	3～11月（原生種為4～5月）
利用部分	葉、莖、根
利用方法	葉、莖用於料理；根焙炒後可作為咖啡的替代品
保存方法	葉和根乾燥

總苞反折

花呈圓形，由許多舌狀花組成。看似花萼的總苞（包住花的葉子）反折為其最大特徵。初春至晚秋開花，花期長。

根生葉的葉緣有左右不對稱的鋸齒。柔軟的新鮮葉片可作為沙拉的材料。

根很粗，無法與其生長於地面上的模樣聯想在一起，長一點的可超過50公分。清洗乾燥後可作為生藥，亦是蒲公英咖啡的材料。

日本原生種「關東蒲公英」。原生種的總苞不會反折，開花期以春季為主。

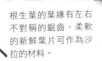

逐漸擴大勢力的西洋蒲公英。有些長得跟原生種幾乎一樣。

白花蒲公英。關東以西的原生種，可惜越來越少見。

焙炒西洋蒲公英的乾燥根，再磨成粉末沖泡而成的蒲公英咖啡。是不含咖啡因的健康茶。

這是西歐自古以來即認定有提高肝功能與利尿效果的野草。中醫也將蒲公英當成藥草使用。

主要的利用部位為葉和根。葉做成沙拉食用，根乾燥後焙炒，變身為「蒲公英咖啡」這種健康食品。

西洋蒲公英以歸化植物之姿在日本擴張勢力範圍，威脅到原生種蒲公英（關東蒲公英等），但也因此與原生種雜交產生新的品種。跟原生種一樣皆可當成香草使用。

品嘗嫩芽的清淡苦味，西歐出產的葉菜類蔬菜。

菊苣

Cichorium intybus

飲料　料理　香氛　手工　藥效　其他

科名	菊科菊苣
別名	菊苦菜（日）、Endive（法）、Chicory（英）
原產地	歐洲、中亞
生長習性	多年草
開花期	6～8月
利用部分	嫩芽、根
利用方法	嫩芽用於料理；根焙炒後可作為咖啡的替代品
保存方法	嫩芽冷藏保存；根乾燥

菊苣為株高可達1公尺以上的多年草植物。基部會長出數片窄橢圓形的根生葉，夏季開外觀近似苦菜花的綠花。市售的芽經過軟化栽培。

菊苣的嫩芽。外觀很像大白菜（十字花科），但兩者為不同科的植物。經過軟化栽培，因此前端呈黃綠色，其他部分為白色，甜中帶點苦味。

長大的菊苣葉。綠色的葉子帶有很強的苦味。

嫩芽展開圖。利用葉片盛放食材作為前菜料理，是很受歡迎的派對菜色。

綜合微苦與甘甜的美味
菊苣沙拉

菊苣切好後，加入切碎的戈根索拉起司（Gorgonzola）、胡桃和蘋果混合，接著拌入橄欖油，再用鹽調味而成的沙拉。

菊苣是菊科多年草植物。

在日本超市的香草區可見其蹤跡，乍看之下很像小顆的大白菜。原因在於粗如牛蒡的根所長出的新芽在經過軟化栽培後色澤變白。如同日文名稱「菊苦菜」，其滋味微苦帶甜。主要作為沙拉的材料。

另外，粗大的根切碎乾燥後可泡香草茶，或跟蒲公英根一樣當作咖啡的替代品。

同樣可在超市看到的苦苣（在日本又稱為菊萵苣）則是菊苣的近緣種，一般用來做成沙拉或是燉菜。

市面上買到菊苣的種子，園藝店的香草區也有販售幼苗。

軟化栽培 把受到日晒就會變硬變苦的蔬菜埋進土裡，或是蓋起來避免陽光直射的栽培方式。特徵是蔬菜顏色偏白，柔軟沒有粗纖維。除了菊苣外，蘆筍、土當歸、蔥、豆芽菜等也是利用此種方式栽培。

在西歐是常見的香草，跟荷蘭芹一樣當成香辛佐料使用。

細葉香芹

Anthriscus cerefolium

飲料　料理　香氛　手工藝　醃漬　其他

科名	繖形花科峨參屬
別名	茴香芹（日）、Chervil（英）、Cerfeuil（法）
原產地	西亞
生長習性	1 年草
開花期	6～7月
利用部分	葉、莖
利用方法	葉、莖用來為料理增添風味
保存方法	葉、莖乾燥

香草碎，以切碎的細葉香芹、細香蔥等香草混合而成的香辛佐料。

細葉香芹為株高約30～50公分的1年草植物，整體柔軟。葉細，看起來很像紅蘿蔔的葉子。初夏抽出花莖，頂端開許多白色小花。

細葉香芹的葉子為深裂複葉。外觀近似芫荽（→P56），不過細葉香芹的葉子更小。

細葉香芹茶
建議不要使用細葉香芹的乾燥葉，改以外形纖細的新鮮葉（上）泡成新鮮香草茶來品嘗。

這是繖形花科的一年草植物，跟日本稱為「山人參」的峨參（Wild chervil）為近緣種關係。小葉簇生的葉子外形優美，具有溫和的荷蘭芹甜香味。葉片可為湯品或醬料增添風味。與蛋類料理特別對味。

在法國則是當成綜合香草「香草碎」（→P127）的主要材料，跟切碎的細香蔥等香草混合在一起。亦可沖泡新鮮香草茶，享受新鮮葉的甜香滋味。

像蔥一樣切碎當成香辛佐料，用來為料理增添風味的香草。

細香蔥

Allium schoenoprasum

科名	蔥科蔥屬
別名	蝦夷蔥、西洋淺蔥（日）、Chives（英）
原產地	歐洲、亞洲、北美洲
生長習性	多年草
開花期	5～7月
利用部分	葉
利用方法	葉用來為料理增添風味
保存方法	葉乾燥

野蒜

多生長在田間小路或空地等向陽處的蔥屬野草。初夏開近似韭菜的小花。山菜之一，鱗莖也可食用。

白馬細蔥的花，野生於白馬山麓等地。夏季開花，花形很像細香蔥或日本細蔥，花色也相同。

日本細蔥

原產於日本的蔥屬多年草植物。據說為細香蔥的變種，亦是珍貴的山菜。蔥味比細香蔥濃。

細香蔥

株高30公分以上，中空的葉子有時會伏臥地面。初夏開淡紅紫色的半球形花。

這是廣泛分布於北半球溫帶地區的蔥（→P118）類植物。葉呈深綠色中空狀，直徑約3至5公釐，株高可達30至50公分左右。外觀與日本野生的日本細蔥十分相似，不過日本細蔥植株較小，細香蔥則是夏季不休眠。

葉含有類似蔥的辣味與香味，但都不及蔥濃烈。可將葉子切細撒在沙拉上，或用來製作香草碎（→P127）。

火蔥

原產自中東的蔥屬植物，日本某些地區誤將辣韭當成此種植物。利用部位不是葉子而是鱗莖，當成香辛佐料使用。

日本細蔥的休眠 日本細蔥據說是細香蔥的變種，地面上的葉子會於夏季開花後與冬季枯萎。原因在於地下的鱗莖進入休眠狀態，而細香蔥的葉子也會在冬季枯萎，進入休眠狀態。

可當成中式食材與中藥材的香料。在日本是用溫州蜜柑製成，亦是七味辣椒粉的一味。

陳皮
Citrus unshiu

飲料　料理　香氣　手工　沐浴　其他

科名	芸香科柑橘屬
別名	橘子
原產地	日本（鹿兒島縣）
生長習性	常綠灌木
開花期	5月
利用部分	果肉、果皮
利用方法	果肉可生食或榨成果汁；果皮乾燥後作為香料
保存方法	果實冷凍；果皮乾燥

溫州蜜柑的葉子。卵形互生。葉柄無柑橘類常有的翼。

成熟果實的果肉非常可口，為冬季的代表水果。乾燥的果皮即為香料中的陳皮。生藥所用的陳皮為保存1年以上的乾果皮，據說放越久越好。

溫州蜜柑

原產於日本的常綠灌木。葉簇生，初夏開白花。果實從秋至冬季逐漸成熟變為黃橙色。

陳皮粉

陳皮作為香料使用時，通常會加工成粉末。加工後會散發甜甜的芳香。

市售的陳皮

中式食材店販售的陳皮。或許是乾燥了很長一段時間的緣故，色澤大多偏黑。

自家製的陳皮

陳皮可以自行在家製作。購買材料時，要挑選無農藥、無上蠟的橘子。

陳皮茶

呈琥珀色，香氣馥郁的香草茶。帶有清爽的甜味。

醋橘

Sudachi。小顆的香酸柑橘類。除了榨汁，果皮亦可像日本柚子般磨粉作為香辛佐料。為日本德島縣名產。

酸桔

Kabosu。用來榨汁的香酸柑橘類之一，為柑橘屬中較接近日本柚子（→P159）的植物。具酸味與香味，果汁用於料理或調味料。日本大分縣產量最多。上圖為未成熟果實，下圖為成熟果實。亦可當入浴劑洗酸桔浴。

苦橙

Bitter Orange。從中國傳來的香酸柑橘類。有苦味。為柑橘醬油的材料。

金橘

芸香科金橘屬。小顆的柑橘類，多用砂糖煮成蜜餞，或做成柑橘醬。亦是喉糖的原料。

夏橙

果實大顆的柑橘屬植物。果實在冬季就出現漂亮色澤，但至初夏才有甜味，故得此名。做成柑橘醬很好吃。

溫州蜜柑（陳皮）的同類

陳皮是中藥的一種。又稱為橘皮，它同時也是帶有柑橘類香味與苦味的香料（五香粉→P65）。

本來陳皮是以原產自印度的橘子為原料，現在則用日本產溫州蜜柑（英文名稱：Satsuma mandarin）的成熟果皮乾燥而成。是日本常見的香辛料「七味辣椒粉」不可或缺的材料，除此之外也能改善虛冷症，因此有些入浴劑使用溫州蜜柑作為保溼成分。

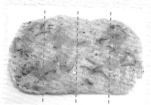

【作法①】

製作麵團，擀開後抹上大量柑橘醬（作法→本頁最下方），再將麵團分切成小塊。

【作法②】

把切好的麵團捲起，放進烤箱烘烤即可。是充滿柑橘系香味，滋味清爽的麵包捲。麵包的材料與作法→P17

溫州蜜柑的花，5月綻放。為白色的5瓣花，大小約3公分。

溫州蜜柑的未成熟果實。果皮為生藥材「青皮」。

柑橘醬的作法　【材料】A（夏橙2顆），A六成重量的砂糖，跟A同量的水。【作法】①切碎A的果皮（帶白絲），清洗3～4次去苦味。②去除種子和膜，只留果肉。③把①和②以及跟A同量的水倒入鍋裡用中火煮約30分鐘左右，邊煮邊撈除浮沫。④加入砂糖，再煮30分鐘直到變稠為止，趁熱裝進煮沸消毒過的保存瓶裡即可。留在鍋裡放涼會變硬。

公元前就當成藥草使用的繖形花科1年草。外觀很像茴香，
是西歐常見的香草，運用於魚類料理等食品。

蒔蘿
Anethum graveolens

科名	繖形花科蒔蘿屬
別名	Dill（英）
原產地	中亞
生長習性	1年草
開花期	5～7月
利用部分	葉、種子
利用方法	新鮮葉用來為料理添香；種子乾燥後用於料理、香草茶
保存方法	葉、種子乾燥

蒔蘿的葉子前端。葉為1～2公釐左右的線形小葉組成的羽狀複葉。和茴香相比，小葉看起來比較粗，但每株皆有差異。不過茴香能長到1公尺以上，可以此區別。

蒔蘿為株高可達60公分以上的1年草植物。長柄頂端生有近似茴香的葉子，初夏開黃色小花組成的煙火狀花序。果實（種子）與葉子有香味，各作為香料、香草使用。

蒔蘿的種子

香料名為「蒔蘿籽」，香味比葉子強烈，含入口中後會產生刺激味。

蒔蘿的乾燥葉

又稱為「蒔蘿草」，用來為料理增添香氣，香味比種子溫和。

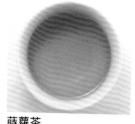

蒔蘿茶
用蒔蘿籽沖泡而成的琥珀色香草茶。滋味特殊，芳香怡人。

蒔蘿是早在公元前就當成藥草栽種的植物，葉子跟茴香很像。

在西歐是常見的香草，尤其在愛吃魚的北歐地區，人們多將其用於鮭魚料理上，是醃泡鮭魚不可或缺的香草。英文語源為古斯堪地那維亞語的「dilla」（鎮定之意）而且事實上，蒔蘿被認為具有鎮靜的作用。

蒔蘿草（新鮮葉）可運用於沙拉或馬鈴薯料理，蒔蘿籽則運用於魚類或肉類料理。由於滋味適合搭配酒醋，因此亦是蒔蘿醋與西式醃菜的材料。

酸奶油拌馬鈴薯

發揮新鮮葉的香氣

【材料】
酸奶油、馬鈴薯、新鮮蒔蘿葉、鹽、胡椒各適量

【作法】
①將新鮮蒔蘿葉切碎，與酸奶油充分混合。

②將水煮馬鈴薯與①的蒔蘿酸奶油拌在一起。
③撒上鹽與胡椒調味即可。

醃小黃瓜

作法簡單，酸味清爽

小黃瓜抹鹽搓揉，靜置1個小時後擦乾水分（上）。混合醃漬香料製作醃泡液。把新鮮的蒔蘿葉和小黃瓜放進瓶子裡，再倒入醃泡液即可。醃2～3天即可食用。詳細作法→P185

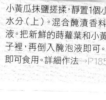

醃漬香料的其中一例。使用新鮮的蒔蘿葉（圖左），即可營造出圓潤的香氣。

醃漬香料 指用來為西式醃菜的醃泡液添香的香料與香草。蒔蘿為代表性的醃漬香料，製作時是使用新鮮葉或蒔蘿籽。另外還可依喜好添加多香果、丁香、辣椒、黑胡椒、芥末、月桂等材料。

製作醃漬物與增加料理辣度時不可或缺的香料。又稱「紅番椒」。
除了當作料理材料，還有防害蟲、促進血液循環的功效。

辣椒
Capsicum annuum

科名	茄科辣椒屬
別名	唐辛子、南蠻（日）、紅番椒
原產地	熱帶美洲
生長習性	1 年草
開花期	7～9月
利用部分	葉、果實
利用方法	葉製成滷菜；果實用來為料理增添辣味或上色
保存方法	果實乾燥、醋漬

鷹爪辣椒的花。夏至秋季開花徑1～2公分左右的白花。5瓣花，看起來楚楚可憐，很難想像其果實帶有強勁的辣味。

鷹爪辣椒的葉片。葉呈寬披針形，柄長，互生於莖上。像葉菜類一樣柔軟，帶有些許辣味。又稱為辣椒葉，可作為滷菜的材料。

鷹爪辣椒

日本代表性品種，為株高60～80公分左右的1年草植物。葉呈寬披針形，互生，夏至秋季開白花。之後陸續結出果實並逐漸轉紅成熟。果實的採收期很長，晚秋之前都可享受栽培樂趣。

果皮
胎座
種子

辣椒類的果實構造。果實中空，由果皮和胎座、種子組成。胎座含有辛辣成分，種子不含，所以不辣。

鷹爪辣椒之類的果實為向上生長。

鷹爪辣椒的果實。果實初為綠色，之後隨熟度變成黃紅色至深紅色。顏色越深果肉越辣。

韓國辣椒（栽培種名）的果實較大，向下生長。有很多同類。

辣椒的加工方式

新鮮的成熟果實

紅色的成熟果實有強烈的辣味，又稱為紅辣椒。是製作辣椒蘿蔔泥時不可或缺的材料。

未成熟果實

有辣味，是滷菜與柚子辣椒醬的材料。又稱為青辣椒。

辣椒葉

帶有些許辣味與甜味。辣椒葉是滷菜不可或缺的食材。

辣椒絲

將乾辣椒切成0.5公釐左右的細絲狀。用來點綴料理。

辣椒圓片

去除乾辣椒的種子後，切成細圓片。運用於醃漬物等食物。

乾辣椒

一整根完整的辣椒。可整根或切段使用。

哈瓦那辣椒粉

用超辣的哈瓦那辣椒製成的粉末。用來為料理增添辣味。

甜椒粉

以帶有甜味的甜椒製成的粉末。方便用來點綴料理或上色。

乾青辣椒

用青辣椒乾燥而成。具有辣味與風味，可做成綠色的一味辣椒粉。

用辣椒果實製成的避邪物（日本新潟縣生產）。中國和韓國也將之當作避邪物使用。

這是茄科一年草，在熱帶美洲則為多年草的栽培植物。可分為兩大類，一種是作為香料增添辣味的品種，另一種是帶有甜味，當成蔬菜使用的品種。可當成蔬菜的種類不多。

主要的品種有鷹爪辣椒等辣椒種，里莫辣椒和哈瓦那辣椒等超辣的黃燈籠辣椒種，日本沖繩縣等西南群島生產的島辣椒所屬的小米椒種等等，青椒和甜椒等甜辣椒類則屬於菜椒種。

辣椒的利用方法 以鷹爪辣椒為代表的紅色辛辣品種，在日本主要用於醃漬物或當成香辛佐料。另外，辣椒富含辛辣成分辣椒素（Capsaicin）、維生素C、胡蘿蔔素，據說有促進血液循環、健胃、抗氧化等效果。辣椒亦用來製作溫熱貼布或食品的防蟲劑。

韓國辣椒

產自祕魯的辣椒，跟哈瓦那辣椒同屬黃燈籠辣椒種。大辣。

里莫辣椒

Ají limo。產自祕魯的辣椒，跟哈瓦那辣椒同屬黃燈籠辣椒種。大辣。

奇諾辣椒

Ají cino。祕魯產的超辣辣椒。「Ají」是西班牙語的辣椒之意。成熟果實為紅色。

黃金辣椒

Gold chile hot pepper。原產自哥倫比亞。成熟果實為漂亮的黃色，超辣。

神樂南蠻

日本新潟縣魚沼地區特產的中型辣椒。亦可當成蔬菜食用。小辣。

斯科奇伯那特辣椒

Scotch bonnet。牙買加產。名稱來自同名的貝類，外觀跟哈瓦那辣椒很像。超辣。

島辣椒

小米椒種，在沖繩又稱為「Ko-re-gusu」，還有同名的調味料。於沖繩縣栽種。超辣。

塔巴斯科辣椒

Tabasco pepper。用來製作辣椒醬的品種，跟島辣椒同屬小米椒種。中辣。

鷹爪辣椒

日本代表性辣椒，運用於料理與醃漬物。果實可長達5公分左右。很辣。

甜椒

種類不多的甜辣椒之一。屬菜椒種,是極富營養價值的甜味蔬菜。

哈瓦那辣椒

Chile habanero。辣度為30萬SHU(辣度單位→參照本頁最下方),曾是世界第一辣的超辣辣椒。屬黃燈籠辣椒種,果實長約2~3公分,有紅色、橙色、白色、桃色等顏色。

印度鬼椒

Bhut Jolokia。曾超越哈瓦那辣椒,成為世界第一辣的極辣品種。產自孟加拉,屬黃燈籠辣椒種。

哈拉皮諾綠椒

Chile jalapeno。產自墨西哥的中型辣椒。辣度為8000SHU。是西式醃菜的材料。

泰國辣椒

Prik kee noo。泰式料理不可或缺的超辣品種。生的未成熟綠色果實和成熟果實都可直接入菜。

伏見甘長青椒

被認定是京都傳統蔬菜的甜辣椒。長約10公分,烘烤之後美味可口。

可愛白辣椒

Pretty white。跟名字一樣小巧可愛的品種。產自巴西,小辣。運用於西式醃菜。

萬願寺甜椒

京都府舞鶴市萬願寺地區特產的甜辣椒。果實大甜味濃,非常美味。

史高維爾指標(Scoville scale) 用來顯示辣椒辣度的單位。以一定甜度的水稀釋辣椒的辣度,直到嘗不出辣味為止的稀釋率即為辣度單位(SHU)。現在都是用測量器測量,當甜辣椒青椒為0時,鷹爪辣椒為4萬SHU,哈瓦那辣椒約30萬SHU,至於2011年登上金氏世界紀錄的千里達毒蠍椒則高達146萬3千7百SHU,約是鷹爪辣椒的37倍。

⑤陳皮 →P100

可不用市售陳皮，自家製的橘皮就很夠味。

七味辣椒粉

日本飲食生活不可或缺的香辛佐料。使用辣椒粉以及芝麻、罌粟籽、山椒、陳皮、火麻仁、青海苔，共七種香料混合而成。亦可按喜好添加其他香料。

②芝麻 →P54

基本上使用黑芝麻。白芝麻亦可。

⑥火麻仁

焙炒過再用會比較香。

⑦青海苔

亦可使用便宜的海苔，但一定要新鮮才能帶出風味。

③罌粟籽

基本上為白色，也有灰色種。

①辣椒 →P104

上圖為打碎的紅色成熟果實，下圖為打碎的綠色未成熟果實。用哪一種都可以，差別只在於七味辣椒粉的顏色而已。單獨使用時稱為一味辣椒粉。

墨西哥辣粉
（Chili powder）

美國生產的綜合香料。混合了辣椒、孜然、奧勒岡、大蒜、甜椒等香料。英文名稱容易跟普通辣椒粉混淆。

④山椒 →P62

七味辣椒粉不可或缺的一味。很適合搭配日式食材。

鹽麴辣椒

用生辣椒泥與鹽麴混合而成。適合當作火鍋的香辛佐料。

辣椒油

把哈瓦那辣椒泡進橄欖油裡製成的超辣橄欖油。用於增添辣味。

辣椒酒(Ko-re-gusu)

把島辣椒浸泡在沖繩米酒裡製成的調味料。適合用於沖繩料理。

滷辣椒葉

用辣椒葉和青辣椒滷成。切碎後可當作蕎麥麵或烏龍麵的香辛佐料。

柑橘醬油

混合橘子汁、醬油和白醬油調味露，再用辣椒增添辣味的調味料。作法簡單。

辣椒醬油

在醬油裡放入一根辣椒製成的辛辣調味料。用於提味。

辣椒蘿蔔泥

白蘿蔔夾生辣椒磨成的泥。跟柑橘醬油極為對味的香辛佐料。

法式大蒜辣椒醬(Rouille)

馬賽魚湯不可或缺的醬料。混合蛋黃、橄欖油、蒜泥、辣椒粉後攪拌，再以檸檬汁和鹽、胡椒調味而成。單純塗在法國麵包上就很美味。

辣椒醋

把辣椒浸泡在醋裡製成的調味料。用於製作沙拉醬的基底。

辣椒的栽培 辣椒是原產於中南美洲的植物，因此不耐寒，種子也得在氣溫達20度以上的5月之後才會發芽。只要在氣溫穩定的環境下栽培就不需花太多工夫。新手買幼苗栽培比較輕鬆。市面上亦有販售超辣的哈瓦那辣椒等品種的幼苗。

可炸天麩羅、泡健康茶的野生食材。

魚腥草
Houttuynia cordata

飲料　料理　香料　手工藝　啟料　其他

科名	三白草科蕺菜屬
別名	地獄蕎麥、十藥（日）
原產地	東亞
生長習性	多年草
開花期	5～7月
利用部分	葉
利用方法	新鮮嫩葉炸天麩羅；乾燥葉泡香草茶
保存方法	葉乾燥

魚腥草為1屬1種的多年草植物。喜歡半陰暗處，在潮溼與乾燥的環境都能生長。

魚腥草的葉片。心形，長約5～7公分，柄長互生。葉子長大後，有些會帶紫色斑點。有異臭。

魚腥草的花。看似白色花瓣的部分為苞葉，無花瓣。黃色的部分是花。

於盛夏的向陽處生長的魚腥草。看得到帶紫色斑點的葉子。

魚腥草的乾燥葉
當作藥草時稱為「十藥」。可煎來飲用，當成香草茶品嘗也不錯。

魚腥草茶
呈深黃綠色，滋味甘甜。泡太濃會變澀而不好喝。亦有不少市售品。

這是一種常可在日本的住宅空地，或雜木林的林地等半陰暗處看到的野草。葉片會散發難聞的腥臭味，因此不太受歡迎。日本有些地區將其當成山菜，做成天麩羅等料理食用。初春山菜的採收期結束後便可採摘。此外，在越南料理方面則拿來生食，是很受到重視的野草。

主要利用法為充分乾燥葉片後泡成魚腥草茶。色澤有如日本茶清澄，滋味甘甜，而且沒有生鮮葉片的臭味。建議跟其他的香草混合使用。

on

on

帶辣味的葉與花可點綴沙拉營造風雅氣息。

旱金蓮
Tropaeolum majus

科名	旱金蓮科旱金蓮屬
別名	金蓮花、凌霄葉蓮（日）、Nasturtium（英）
原產地	南美
生長習性	1年草
開花期	6～11月（夏季休眠）
利用部分	葉、花、果實
利用方法	葉、花點綴料理；果實作為香辛佐料
保存方法	葉、花醋漬

葉呈圓形，外觀跟蓮葉很像，不過旱金蓮的葉片僅約5～6公分大。入口咀嚼會有辣味。

旱金蓮為旱金蓮科的1年草植物。蔓性，大型植株的長度可達2公尺以上，亦可種在吊籃裡當作裝飾。初夏至晚秋開花、枯萎。

黃色的旱金蓮花。

旱金蓮的花。花徑跟葉片差不多大，有橘色、黃色和紅色，以及單瓣和重瓣等品種。

這是原產於祕魯與哥倫比亞等南美國家的一年草植物。葉如蓮葉，並開金黃色的花朵，故中國稱之為「金蓮花」，日本則沿用這個名稱。可愛的圓葉配上美麗的花朵，使旱金蓮成為受歡迎的園藝植物，亦有不少人用它來裝飾庭園一角。

葉、花、果實含有香味與辣味，除了用來點綴沙拉，還可製成旱金蓮醋。亦可當作沙拉醬的香辛佐料。

旱金蓮沙拉
山葵般的辣味

用可愛的圓形綠葉點綴沙拉。辛辣的味道可凝縮整體的滋味。葉子亦可當作三明治的餡料品嘗。

旱金蓮和豆瓣菜 旱金蓮含有刺激性的辛辣成分，能夠幫助消化與增進食欲。豆瓣菜（→P46）也含有類似的辣味成分，據說旱金蓮的英文名稱是取自豆瓣菜的學名「Nasturtium officinale」。

外觀近似海棠果，營養豐富可當成生藥，亦是中國、韓國的常用食材，
還能為西式糕點增添風味的萬能果實。

棗

Ziziphus jujuba

飲料　料理

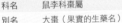

科名	鼠李科棗屬
別名	大棗（果實的生藥名）
原產地	南歐、東亞
生長習性	落葉喬木
開花期	5～7月
利用部分	果實
利用方法	果實乾燥後用於料理
保存方法	果實乾燥

10月時分，果實轉紅的棗樹。棗樹為高可達10公尺左右的落葉喬木，
品種繁多，熱帶地區亦有野生常綠灌木種。果實大小也各有不同。

葉為卵形，互生。特徵是3條
明顯的葉脈，葉面有光澤。多
分枝，初夏開淡黃色小花，秋
季結實。枝有刺，亦有無刺的
園藝種。

到了秋季，棗樹果實趨於成熟。
可在日本見到的中國原產品種，
果實平均約2～3公分大。

左圖的果實到了11月的景
象。成熟果實為黑色，果皮
乾皺，呈半水果乾的狀態。
直接吃也很可口。

棗的乾燥果實。能跟食材一起烹煮增添
風味，亦可作為糕點材料或泡香草茶。

備齊材料即可輕鬆製作

參雞湯

【4人份材料】
糯米150g，雞腿肉（大）1片，人參（中）1條，大蒜2瓣，棗6顆左右，枸杞、松子、鹽、胡椒各少許（松子可用其他堅果類代替），水1～1.5L

【作法】
①糯米洗好，在鍋裡倒入1L的水，把鹽、胡椒之外的所有材料放進去煮。
②煮熱後撈除浮沫，加水繼續煮。等雞肉煮至軟嫩就關火，用鹽、胡椒調味，再放上蔥花即可。雖然跟使用整隻雞的作法不同，仍可享受參雞湯的美味。

挑選乾貨時，最好選擇果實（亦有大顆果實的品種）大顆且飽滿、色澤深紅有光澤者。

棗茶

用棗熬煮，添加薑和蜂蜜而成。活用棗的酸味，可暖身的綜合茶。韓國人愛喝的棗茶有時還添加松子、胡桃等材料（上下圖）。

「棗」在日文中讀作「Natsume」（音同夏芽），源自「初夏冒出新芽」之意。

據說是在奈良時代從中國傳入日本，中國與臺灣等地栽培興盛。日本亦作為庭木栽種。

秋季結成的果實可食用，營養豐富，乾燥後還能當成生藥材使用。

作為食用時，可將果實煮成蜜餞當作糕點的材料，乾貨則用於煮湯或熬煮其他料理。

棗與枸杞、人參都是為中式粥品增添風味，或烹煮韓國料理參雞湯時不可或缺的食材。

蜜餞

用砂糖熬煮棗製成的蜜餞。可直接作為糕點或料理的材料，亦是保存方法之一。

棗的營養成分　作為生藥使用時，棗的果實稱為大棗，種子則稱為酸棗仁，皆含有豐富的鉀、鈣、鐵、鎂等營養素。據說有鎮靜與強身的作用。

與丁香、胡椒並列世界三大香料，是富含香氣與風味的香辛料。
最適合搭配以漢堡排為代表的絞肉料理。

肉豆蔻

Myristica fragrans

飲料　料理　香氛　手工　藥效　栽培

科名	肉豆蔻科肉豆蔻屬
別名	Nutmeg（英）、肉蔻
原產地	東印度群島、摩路加群島（皆屬印尼）
生長習性	常綠喬木
利用部分	種子
利用方法	種子乾燥後當作香料
保存方法	種子乾燥

＊日本未生產

肉豆蔻的果實。肉豆蔻為樹高可達10公尺以上的常綠樹。葉呈寬披針形，互生。開白色小花，結出外觀如杏子，內藏一顆肉豆蔻種子的果實。

磨成細粉末的肉豆蔻。肉豆蔻含有會使人產生幻覺的肉豆蔻醚，不過正常攝取並不會造成問題（應避免一次攝取5g以上。市售的瓶裝粉末容量約8g）。

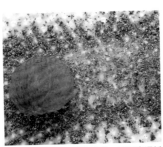

種子看起來很硬，其實很軟，可用磨泥板磨成粉末。購買種子就能享受新鮮的肉豆蔻香氣。

肉豆蔻的粗粉末
想喝肉豆蔻的香草茶時，可將整顆種子磨成粗粉末使用。

肉豆蔻茶
用茶包泡成的香草茶。透明無色，帶點微辛的香氣，很好入喉。

肉豆蔻的種子。果實裡的種子包著鮮紅色的假種皮。假種皮稱為「Mace」，跟種子一樣當作香料使用。

種子的殼與剖面圖。外殼出乎意料地軟，用手就可剝開。裡面塞了仁（種子的核）。

散發肉豆蔻的香味 手作漢堡排

【2人份材料】
絞肉300g，洋蔥1顆，大蒜2瓣，A（雞蛋1顆，麵包粉、牛奶各3大匙，鹽、胡椒、肉豆蔻粉少許）

【作法】
①炒洋蔥末和大蒜末。
②混合①和絞肉與A，充分攪拌。
③將②靜置10分鐘左右，整理成漢堡排的形狀。
④平底鍋抹油，煎好一面再煎另一面，等煎出焦色、用籤子戳刺會滲出透明肉汁時即可。最後淋上喜歡的醬汁。

酥脆的口感與甘甜的香氣 肉豆蔻餅乾

【材料】
低筋麵粉200g，奶油100g，砂糖50g，牛奶與肉豆蔻粉適量

【作法】
①用微波爐融化奶油，加入砂糖打發。
②將低筋麵粉和肉豆蔻粉過篩並混入①，加入牛奶調整硬度，拌成麵團。
③按餅乾大小把②揉成長條狀。
④長條麵團靜置1個小時後切片。
⑤放進預熱過的烤箱裡，以180度烤15分鐘。

肉豆蔻是常用來為漢堡排增添香氣的香料。果實充滿微辛又甘甜的滋味，還帶了點異域香氣，與丁香、胡椒並列世界三大香料。

肉豆蔻原產於印尼的摩路加群島（Moluccas）等熱帶地區。為樹高10公尺以上的常綠喬木，會結出近似杏子的果實，裡面的種子即是香料肉豆蔻。

當成香料使用的是包覆種子的假種皮「Mace」（種子的胎座變形而成），以及種子的內容物（仁）這兩個部分。

由於帶有酸酸甜甜的香氣，因此多用來製作醬料。另外，肉豆蔻與肉類料理及糕點十分對味，是漢堡排等絞肉料理不可或缺的香料。

成分中含有會引起幻覺的肉豆蔻醚（Myristicin），不過只要正常使用就不會造成問題。

肉豆蔻的香味成分 肉豆蔻的獨特香味來自芳香的松油精（Pinene），以及可提高集中力的咖啡因這兩種成分。此外還含有丁香與肉桂皆有的刺激香味丁香酚，以及攝取過量會產生幻覺的肉豆蔻醚等等。

著名的食用花卉，亦可作為香草茶、甜點、香水的原料，
又名「Sweet violet」的香草。

香菫菜

Viola odorata

香菫菜的葉片為根生
葉，柄長，呈5～6公分
左右的心形。細紋沿葉
脈分布。葉片有些許芳
香。

飲料	料理	香氛			
科名	菫菜科菫菜屬				
別名	Sweet violet（英）				
原產地	地中海沿岸				
生長習性	多年草				
開花期	2～4月				
利用部分	葉、莖、花				
利用方法	葉、莖泡香草茶；花可入菜或做成甜點				
保存方法	花糖漬				

香菫菜為株高10～15公
分左右的多年草植物。即
使在晚秋至初春這段花較
少的期間，栽培種依然會
綻放幾朵色澤豔麗、香氣
怡人的花。利用匍匐莖繁
殖。根和種子含有毒物
質，須留意。

這是一種耐寒的多年草植
物。一旦開花，周圍便會瀰漫
著甜甜的芳香，因此稱為香菫
菜。花有亮紫色（亦稱為菫
色），以及白色、紅色、黃色
等各種顏色。當中也有重瓣的
品種，跟三色菫一樣可在園藝
店購買。

目前多種來作為添香材料
的原料，最普遍的使用方法就
是運用其香味。葉與花可直接
泡成新鮮香草茶、用砂糖醃
漬，或當作食用花卉點綴沙拉
等等，能夠盡情享受花色與香
味。

香菫菜的花。5瓣花，花徑約3公分。
充滿溫和的香氣。園藝種有許多花
色。

砂糖菫菜

在菫菜的花朵上塗抹蛋白，撒上砂糖後乾燥而成。充滿高雅的香氣與甜味。

砂糖菫菜的利用方法

喝紅茶時可取代砂糖，還可作為蛋糕或餅乾的芳香裝飾。

香菫菜的新鮮葉

香菫菜茶使用的是新鮮葉。充滿溫和的甜香。

香菫菜的新鮮香草茶

新鮮香草茶放涼後甜味會更濃。放入砂糖菫菜，化開後更添香氣與美味。

其他可作藥用・食用的菫菜

大葉黃菫 （學名：Viola brevistipulata）

野生於日本本州以北山地的林邊。屬於黃花種的菫菜，除了食用，更是具有消炎效果的藥草。

東北菫菜 （學名：Viola mandshurica）

野生於空地或田間小路。除了食用，據說還有改善便祕與失眠的功效。生藥名「紫花地丁」。

菫細辛 （學名：Viola vaginata）

野生於多雪地帶的林地。根莖可磨泥食用，也可製成治療挫傷的貼布。在日本還有「黏呼呼菫菜」之稱。

紫花菫菜 （學名：Viola grypoceras）

叢生於雜木林或空地的野生種。絕大多數的菫菜花與葉都可食用，此品種也不例外。

香菫菜的毒性 絕大多數的菫菜花與葉皆可作為食材，不過當作香草使用的香菫菜，其根與種子含有神經毒（Violin），必須特別留意。香菫菜的交配種三色菫類也同樣有毒。

嗆鼻的獨特氣味能刺激食欲，是日式料理與中式料理不可或缺的香味蔬菜。
同類也很多，利用方法豐富多樣。

蔥

Allium fistulosum

飲料　料理

科名	蔥科蔥屬
別名	青蔥、大蔥
原產地	中亞
生長習性	多年草
開花期	5～6月
利用部分	葉、鱗莖
利用方法	葉、鱗莖用於料理
保存方法	葉、鱗莖乾燥

綠色部分還很多的蔥苗。蔥幾乎由葉片組成，莖則是根上面的一小部分。葉長度可達1公尺以上。白蔥是將葉鞘部分蓋在土裡培育的蔥，綠色的葉很硬。反之，青蔥是綠色的葉身部分較多的蔥，又稱為葉蔥。蔥的外觀部分為葉的內面，帶黏液的內部才是表面。

野生於日本的蔥屬植物「野蒜」。利用開花後長出的珠芽繁殖。　→P99

野生韭菜。日本除了栽培種，也有野生的品種。

洋蔥是採收其地下鱗莖使用的蔥屬植物。

普通的蔥則是採生長於地上的葉片使用，又稱為「葉蔥」。

青蔥的橫面。葉為中空。

白蔥的白色部分為葉鞘。綠色的部分則是葉身，也就是普通的葉子。

同屬蔥科的韭菜橫面。葉扁平非中空。

蔥花

將小枝的青蔥切碎即成蔥花，最普遍的利用方法是當成麵類料理的香辛佐料。

蔥的乾燥葉

把蔥切碎乾燥後可大量保存。利用方法為直接當作香辛佐料撒在食物上。

韭菜的花。蔥屬植物會於初夏開出外觀呈圓形的花（繖形花序）。蔥的花在日本還有「蔥和尚」的暱稱。

根據最新的分類，蔥是蔥科蔥屬的多年草植物。葉與鱗莖帶有嗆鼻氣味與辣味，同類植物眾多。從形狀和顏色來區分，蔥屬植物大致可分成使用中空葉的蔥類、食用鱗莖的洋蔥與大蒜（→P30）等種類，以及食用扁平細葉的韭菜類。

其中，蔥又分成白蔥和青蔥。覆蓋土壤使葉片的白色部分（葉鞘）變長的白蔥，著名的品種有千住蔥和下仁田蔥。葉子的綠色部分較長的青蔥，則以京都的九條蔥最為知名。

此外，西歐著名的香草細香蔥（→P99），或日本野生的日本細蔥及野蒜等野生種也可食用。

享受嗆鼻的香味與辣味

三種運用蔥的菜餚

滷豬肉。燉煮時，把白蔥不用的青葉蓋在食材上增添風味。

用剛萌芽的芽蔥做成的握壽司。可品嘗蔥的甜味。

把青蔥切碎當成味噌湯的香辛佐料。蔥和味噌很對味。

③黑胡椒 →P50
粗粉末

②大蒜 →P30
蒜末

①青蔥
蔥花

鹽蔥醬

以蔥為主，運用9種香辛料調成的綜合香料。不僅有洋蔥的甜味，還充滿了蔥與大蒜的風味。適合用於涼菜，或淋在蒸雞上，擺在拉麵或稀飯上也很對味。

⑥白蔥
蔥末

⑤麻油 →P54

④芝麻 →P54
研磨過的白芝麻

⑨洋蔥
洋蔥末

⑧薑 →P74
薑泥

⑦鹽
使用帶甜味的岩鹽等

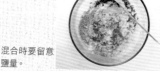
混合時要留意鹽量。

蔥的辣味・香味成分 蔥與洋蔥、大蒜等蔥屬植物特有的辣味、刺激成分，來自於二烯丙基硫化物（Diallyl sulfide）。這種硫化物有提高人體吸收維生素B1的功能，健康食品中的蔥與此效用有關。

深谷蔥
日本埼玉縣深谷市
周邊生產的白蔥。甜
味濃，是適合運用於
冬天火鍋的品種。

九條蔥
主要食用葉片的青蔥代表。
葉身柔軟，幾乎沒有葉鞘的
部分。為京都的傳統蔬菜，
全日本都有栽種。

下仁田蔥
以日本群馬縣下仁
田町為中心栽種的
白蔥。植株短，葉
鞘部分粗。甜味
濃，非常適合煮火
鍋。

日本細蔥
原本是指野生於日本的
野生種蔥，栽培種的嫩
青蔥有時也稱為日本細
蔥（→P99）。有辣
味。

小黃洋蔥
黃洋蔥經過矮化栽培（不讓植物變大的
栽培方法）而成的品種。大小約3～5
公分，甜味濃。適合用於西式醃菜。

野蒜
野生的蔥屬植物。多生
長在空地等明亮的環
境。初夏長出的鱗莖小
而辣。可作為香辛佐
料。

小紅洋蔥
跟小黃洋蔥一樣，為
紅洋蔥矮化栽培而
成的品種。

黃洋蔥
原產自中亞的蔥屬
植物。目前日本栽
種的黃洋蔥是從札
幌黃、泉州黃等品
種改良而成。

韭菜
跟大蒜（→P30）及韮蔥
（→P166）一樣，葉片扁平
飽滿非中空。在日本亦可見到
野生的韭菜。

因「洛神花茶」而聞名，帶有清爽酸味的香草。

洛神花
Hibiscus sabdariffa

飲料　料理　藥用　手工藝　染色　其他

科名	錦葵科木槿屬
別名	Roselle（英）、玫瑰茄
原產地	西非
生長習性	多年草
開花期	9～11月
利用部分	花萼與花苞、嫩葉
利用方法	花萼與花苞泡香草茶；嫩葉則用於料理
保存方法	花萼與花苞乾燥，或製成果醬

洛神花株高2公尺以上，莖和花萼、苞葉一樣都是紅色，可採取其纖維作為紡織等原料。葉呈掌狀深裂，嫩葉可做成沙拉等食品。9～11月開花，有米色、桃色、紅色等各種顏色。

乾燥的花萼與苞葉
花萼與花苞的乾貨，看似乾燥花。除了作為茶材，亦當成染料使用。

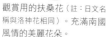

觀賞用的扶桑花（註：日文名稱與洛神花相同）。充滿南國風情的美麗花朵。

包住花的是苞葉和花萼。採收乾燥後可做成茶材。

洛神花茶
洛神花茶亦是受歡迎的中國茶。鮮豔的紅色為其特色。

洛神花是原產自熱帶非洲的木槿屬植物。跟扶桑花這種充滿夏威夷南國風情的園藝植物不同種，正式名稱為玫瑰茄（Roselle）。桃色的花比園藝種樸素許多。

包住花朵、肥大化的花萼與苞葉皆可食用，除了生食外，還能做成酸味果醬，或作為香草茶的材料。泡好的香草茶呈現令人驚豔的鮮紅色，酸味也很強。其酸味來自於檸檬酸（Citric acid），此外還含有豐富的維生素C。

洛神花茶的美味祕訣 洛神花的酸味很濃，直接用熱水浸泡容易過酸。若混合其他香草沖泡飲用，不僅能使味道變得溫和，搭配使用的香草亦能發揮功效。洛神花多和薔薇果混合使用。

帶有刺激食欲的強勁香氣。義大利麵與披薩等義式料理不可或缺的食材，
也是可輕鬆自行栽種的常用香草。

羅勒
Ocimum basilicum

飲料　料理　香氛　手工皂　防蟲　其他

科名	脣形花科九層塔屬
別名	目箒（日）、Basil（英）、九層塔
原產地	印度
生長習性	1年草
開花期	7～9月
利用部分	葉、花
利用方法	開花前的葉可作為食材或泡茶；花用於料理或茶的點綴
保存方法	葉乾燥或泡油（羅勒醬）

甜羅勒
最常見的熱門品種。株高可達
60～80公分左右，夏至秋季開
近似青紫蘇穗的白花。

葉於莖上對生，呈鼓鼓的
卵形。大小約5～6公分，
沒有光澤。

羅勒是烹調義大利料理時不可或缺的香草。其獨特的香氣常運用在義大利麵、披薩與沙拉等食品，而且跟番茄特別對味。

日本的賣場整年都有販售袋裝的羅勒葉，方便民眾輕鬆選購使用。若夏季購買便宜的幼苗自行栽種，並製成羅勒醬保存，往後使用起來就很方便。

除了甜羅勒和灌木羅勒這些一般的品種，還有檸檬羅勒、泰國羅勒、肉桂羅勒等許多種類，東南亞料理亦常使用。

開完白花之後，羅勒就會枯萎，因此要把花摘除以維持葉的生長。

羅勒的幼枝，新芽紛紛從葉腋冒出。一旦撕開嫩葉，周圍便會瀰漫一股獨特的強勁香氣刺激食欲。

新鮮葉應避免冷藏保存。凍傷變黑就不能使用了。

羅勒茶

用乾燥羅勒沖泡而成的茶飲，呈現玉露茶般的色澤。帶了些許羅勒香氣與清淡甜味，能讓餐後的心情更加舒爽。若不在3分鐘內取出茶葉，茶水會變色且變澀。

乾燥羅勒

也可以自己動手做，不過市面上售有用羅勒碎充分乾燥而成的乾燥羅勒，可以利用這樣的現成品取代新鮮葉。

甜羅勒在低溫環境下生長遲緩，露天栽種時要選擇日照充足的溫暖環境。

別名「目箒」的由來 羅勒在江戶時代傳入日本，當時多利用浸泡羅勒種子的水所產生的膠狀物質來沖洗眼睛沾到的髒東西，於是當時的人們便稱羅勒為「目箒」，現代則把這種膠狀物當成甜點品嘗。

輕鬆做出道地義大利風味

在義大利，這種滋味豐富的醬料稱為青醬（Pesto genovese）。只要有羅勒葉、橄欖油以及少許鹽巴，任何人都能夠輕鬆製作，材料最好選用新鮮的羅勒葉。

另外，加入松子或帕馬森起司能增添香氣與風味，可惜不利於保存。使用做好的羅勒醬拌義大利麵或馬鈴薯沙拉，即可享受正宗的義大利料理。

① 事先將大蒜（左）切碎，松子焙炒過。

② 把材料放進食物調理機裡攪拌。邊打邊調整橄欖油的量，打到醬料顏色變濃、變稠。

③ 完成。僅在使用時加入帕馬森起司之類的材料，如此可增加濃郁度。

④ 裝入密封容器裡，若上層倒滿橄欖油，可放在冰箱裡保存1個月。起司之類的材料容易變質，等要使用時再加入。

【材料】羅勒葉80g左右，橄欖油200mL，大蒜2瓣，松子50g左右，鹽1大匙。可能的話也準備帕馬森起司。另外，羅勒得先摘除莖且擦乾水分。並準備食物調理機來打碎、攪拌材料（沒有的話就用果汁機）。

一道運用羅勒醬的菜餚
青醬拌洋芋四季豆

將馬鈴薯和四季豆、蝦子燙熟後，用羅勒醬拌一下即可。祕訣在於食材別煮太久，使用大量的羅勒醬可增添風味。再多淋上一些羅勒醬，拌入煮好的義大利麵，即變身為高雅的義大利麵料理。

各種羅勒

散發檸檬香味的檸檬羅勒、散發肉桂香味的肉桂羅勒……羅勒有各式充滿香氣的品種,一般都作為料理用途。另外還有很受歡迎的觀賞用品種,有白色、粉紅色、紫色等各種花色。

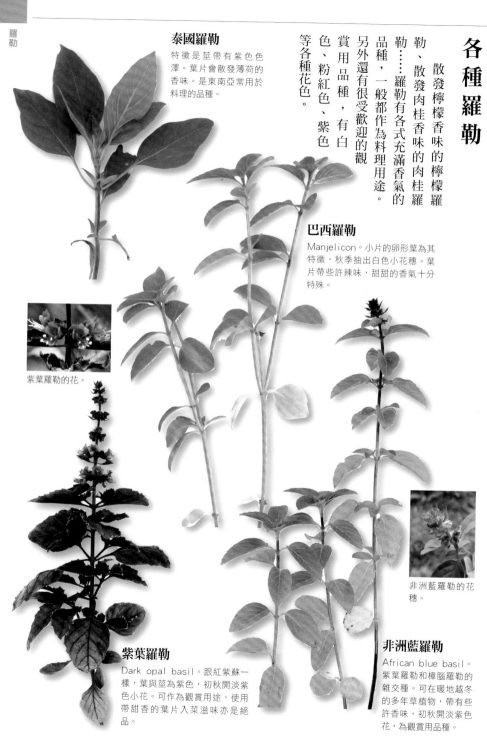

泰國羅勒
特徵是莖帶有紫色色澤。葉片會散發薄荷的香味。是東南亞常用於料理的品種。

紫葉羅勒的花。

巴西羅勒
Manjelicon。小片的卵形葉為其特徵,秋季抽出白色小花穗。葉片帶些許辣味,甜甜的香氣十分特殊。

非洲藍羅勒的花穗。

紫葉羅勒
Dark opal basil。跟紅紫蘇一樣,葉與莖為紫色,初秋開淡紫色小花。可作為觀賞用途,使用帶甜香的葉片入菜滋味亦是絕品。

非洲藍羅勒
African blue basil。紫葉羅勒和樟腦羅勒的雜交種。可在暖地越冬的多年草植物,帶有些許香味,初秋開淡紫色花,為觀賞用品種。

羅勒的功效 羅勒跟菠菜等黃綠色蔬菜一樣,是富含β胡蘿蔔素的營養食品。另外還有很強的抗菌作用,所以也有預防感冒的效果。強勁的甜香亦有鎮靜作用,可泡成香草茶品嘗以放鬆身心。

在日本多作為西餐的裝飾，
其芳香與辣味亦值得細細品味的健康蔬菜。

荷蘭芹
Petroselinum crispum

荷蘭芹為株高可達20公分左右的2年草植物。根生葉，為細裂小葉組成的羽狀複葉。常見的品種前端捲曲。葉有獨特的香味與辣味、苦味，味道比扁葉的義大利香芹還濃。多運用其亮綠色澤為料理增添香氣或點綴。

飲料　料理　香氣　美容　睡眠　其他

科名	繖形花科歐芹屬
別名	歐芹、巴西里、Parsley（英）
原產地	地中海沿岸
生長習性	2年草
開花期	5～7月
利用部分	葉、莖
利用方法	葉、莖用於料理
保存方法	葉、莖乾燥

荷蘭芹的乾燥葉
當作湯品的點綴，或作為香辛佐料使用。作法簡單，自然乾燥新鮮葉片即可。

荷蘭芹茶
呈清爽的綠色，帶有些許草味，滋味甘甜香醇。

荷蘭芹的葉子。葉3裂，前端捲曲為其最大特徵。

沙拉荷蘭芹
日文漢字寫作和蘭芹，是一種連莖都很軟的品種。用來做成沙拉或料理的配菜。

荷蘭芹是日本最常見的香草之一。於江戶時代經荷蘭人傳入日本，因此漢字寫作「和蘭芹」。在日本，荷蘭芹隨著西方飲食的普及而廣為使用，可惜目前仍停留在裝飾用途。

一般最常使用的是葉片捲曲、又名「捲葉荷蘭芹（curly parsley）」的品種，西歐則以葉片不捲的扁葉種（義大利香芹→P21）為主流。

利用方法有使用新鮮葉做成沙拉、點綴料理，以及當作料理添香用的綜合香草「香草碎」、燉煮料理所用的法國香草束等的材料。

芳香四溢
荷蘭芹歐姆蛋

荷蘭芹切碎拌進蛋液裡煎成的歐姆蛋。滋味豐富。荷蘭芹很適合用於蛋類料理。

⑤龍蒿 →P95

②鼠尾草 →P80

香草碎(Fines herbes)

綜合香草，可當作湯品的點綴、為沙拉醬增添香氣，或作為魚類料理的香辛佐料。通常使用切碎的新鮮葉，沒有的話也可改用乾燥香草。以荷蘭芹為主，用充滿芳香的香草製作。右圖為新鮮葉製成的香草碎。

⑥細香蔥 →P99

③細葉香芹 →P98

⑦月桂 →P184

④荷蘭芹

①蒔蘿 →P102

荷蘭芹的營養成分　荷蘭芹為鮮綠色的黃綠色蔬菜，β胡蘿蔔素與維生素C的含量幾乎與紅蘿蔔不相上下。另外，鐵質與鈣質等礦物質亦極為豐富，香味成分芹菜腦（Apiol）和松油精具抗菌、消臭的作用，有助於整腸及消除口臭。

香甜濃醇，用來製作糕點的香料。

香草豆

Vanilla planifolia

飲料　料理　香料　手工藝　泡澡　其他

科名	蘭科香莢蘭屬
別名	Vanilla Beans、Vanilla（英）、香草蘭
原產地	熱帶美洲
生長習性	多年生蔓性植物
利用部分	果實
利用方法	為糕點增添香氣
保存方法	果實乾燥、冷藏

＊不確定日本有無生產

香草豆。用香草蘭的莢狀果實發酵而成，長約15～20公分。帶有光澤與適度的溼氣、呈深茶色的香草豆被視為品質絕佳，不過氣味濃郁香甜才是挑選重點。

香草蘭的種子。細長的豆莢裡塞滿了不到1公釐的小種子。

香草牛奶。將豆莢與種子放進牛奶裡增添香氣，再用來製作糕點。

香草精。把香草蘭的香味融入乙醇等溶劑裡，分為天然與化學合成兩種。除此之外，市面上亦有販售香草油。

香草糖。把種子全部取出的空豆莢放進砂糖裡再次利用。

取出種子的方法

①將長長的香草豆切成適當長度。

②用刀子縱向劃開果實的正中間，剝開果實。

③按住剝開的果實，用湯匙之類的工具刮出種子。

香草蘭是野生於熱帶樹林的蘭科蔓性植物。纏繞在樹木上生長，有時長度可達10公尺以上。開近似蘭花的花，結出長約20公分的莢狀果實，裡面塞滿了小種子，因此被稱為香草豆。

香草豆要作為香料使用，得先汆燙未成熟的果實，之後反覆乾燥與保存使之發酵，經過數個月才能變成香草味濃郁的香料。價格因此高昂，若要用來增添香氣，化學合成的香草精價格便宜且方便使用。

128

在大航海時代備受重視的香料。用來為琴酒添香，清爽滋味為其魅力所在。

天堂籽

Aframomum melegueta

飲料　料理

科名	薑科非洲豆蔻屬
別名	非洲豆蔻、幾內亞胡椒
原產地	西非
生長習性	多年草
利用部分	種子
利用方法	為果實酒添香，或用於料理
保存方法	種子乾燥

＊日本未生產

成熟的果實。果實呈黃色卵形，結於貼近地面的莖末端。

果實的剖面。裡面有60～100顆的種子。

天堂籽的植株。偽莖如薑（→P74）般延伸，頂端生葉，外觀近似禾本科的蘆葦。株高可達2公尺左右。

天堂籽
種子大小約1.5～2公釐，帶有小豆蔻的甜香。

天堂籽粉
種子的核為白色，磨成粉末後顏色偏白。帶有胡椒般的辣味。

天堂籽的特徵為具有小豆蔻或茴香般清新的柑橘系香氣，以及生薑或山椒般辛辣的嗆鼻感。中世、近代歐洲流用天堂籽取代胡椒，現代則用它來為琴酒或果實酒、藥草酒增添香氣。

主產地迦納多將其用於烹調，或作為民間偏方使用。日本目前也在調查其健康效果。是未來將受到關注的香料之一。除了運用於沙拉、肉類或魚類料理，也很適合製成冰淇淋等甜點。

名稱的由來　天堂籽又名「Grains of Paradise」。據說是因為從前歐洲人用它來替代不易取得的胡椒，於是讚美這種香料為「天堂的種子」。

可為料理增添香氣，或泡成香草茶品嘗的脣形花科香草。

神香草
Hyssopus officinalis

飲料　料理　香氛　手工藝　除蟲　其他

科名	脣形花科神香草屬
別名	柳薄荷（日）、Hyssop（英）
原產地	地中海沿岸
生長習性	常綠灌木
開花期	6～9月
利用部分	葉、花
利用方法	葉用於料理；花可為利口酒添香，或製成撲撲莉
保存方法	葉、花乾燥

神香草的葉片。葉呈狹長的橢圓形，對生。帶有薄荷香氣，多用於料理或泡成香草茶。葉片最好在開花之前採收。

葉茂密簇生，枝條筆直為其特徵。枝端會於初夏抽出長度約10公分的花穗，隨後開花。圖片為白花種的白花神香草。

神香草可購買幼苗或以扦插方式繁殖。適合偏乾的土壤，要注意別澆太多水。

神香草的乾燥葉·花
將神香草的花與葉乾燥後混合而成。香味比新鮮葉淡。

神香草茶
茶水呈淡琥珀色，味道也以清爽的酸味為主。是很好入喉的香草茶。

這是一種原產自地中海沿岸至中亞地區的脣形花科香草。特色為薄荷般的清爽香氣，葉與花皆有芳香。

神香草為半草半木的灌木，是可帶葉越冬的耐寒性植物。初夏至初秋開淡紫色的可愛花朵，花色還有白色、桃色等各式品種。利用方式為採摘開花前的葉片使用。

採收的葉片可為肉類或魚類料理增添香氣，或泡成香草茶品嘗，花還能製成撲撲莉。

日本人用來製作蚊香的菊科植物。

除蟲菊
Tanacetum cinerariifolium

科名	菊科菊蒿屬
別名	白花蟲除菊（日）、Pyrethrum（英）
原產地	地中海沿岸
生長習性	多年草
開花期	5～6月
利用部分	花
利用方法	花作為花藝或除蟲用途
保存方法	花乾燥

除蟲菊的葉子。外觀近似菊葉，深裂柔軟。為多年生草本植物，冬天以蓮座狀形態越冬。

除蟲菊為株高可達60公分左右的菊科多年草植物。柄長，頂端生近似菊葉的葉片。初夏抽出花莖，開近似雛菊的白花，花含有殺蟲成分，可作為殺蟲劑的原料。除了白花之外還有紅花種，可食用的茼蒿也是近緣種。

除蟲菊的幼苗。可愛的白花無論種在花盆或花壇都很合適。摘下花朵跟土壤混合，亦可達到除蟲的效果。

菊科特有的花，跟雛菊很像。

除蟲菊是菊科多年草植物，日文漢字寫作「除虫菊」，日本人也熟悉這個名字。由於花含有殺蟲成分「除蟲菊精」（Pyrethrin），且對人體與家畜無害，因此用來製作蚊香。

現在都用合成的除蟲菊精製作，即便是戰前產量世界第一的日本，目前產量也銳減，僅剩部分地區仍細心栽培。

由於花近似雛菊，除了作為觀賞用途，亦可利用其乾燥花花做成天然殺蟲劑。

蚊香
左邊是用合成原料製成、經過著色處理的蚊香。右邊是目前仍有生產，以除蟲菊為原料的人氣蚊香。主打無香料、無著色。

因島的除蟲菊 過去全日本栽培盛行的除蟲菊，目前還能在廣島縣尾道市的因島見到蹤影。當地仍保留觀光用的花田，每年5月上旬群花盛開。面海的除蟲菊花田景緻十分美麗。

小白菊
Tanacetum parthenium

株高20～80公分。葉子外觀
近似艾草，6～7月開許多如
一年蓬（Erigeron annuus）
般的白花。亦有重瓣品種，當
成園藝植物栽培也很有意思。

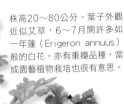

科名	菊科菊蒿屬
別名	夏白菊（日）、Feverfew（英）
原產地	地中海沿岸、西亞
生長習性	多年草
開花期	6～7月
利用部分	葉、莖
利用方法	葉、莖泡香草茶
保存方法	葉、莖乾燥

小白菊的葉子。為缺刻
多的羽狀複葉，很軟。
葉與莖可泡成香草茶。

園藝店的香草區有售有幼苗，可以買回家享
受栽培樂趣。

小白菊的乾燥葉
小白菊連莖帶葉乾燥後切碎而成。
有股嗆鼻的氣味。

小白菊茶
帶有苦味，泡成綜合茶也不錯。懷
孕期間應避免飲用。

這是菊科的多年草植物。

據說遠在希臘時代人類就已將
它當成抗發炎藥使用，在歐洲
是古老的藥草。葉片有柑橘系
的刺激香味，咀嚼後會回苦。

其可防止偏頭痛的藥效備
受關注，不過也有報告指出各
種使用風險，因此運用時需要
多加留意。

一般建議使用乾燥葉與莖
沖泡香草茶品嘗。儘管帶有苦
味，仍很好入喉。由於會開很
多小花，亦可當成園藝植物賞
玩。

亦可作為牧草，甜香滋味備受喜愛的中東香料。

葫蘆巴
Trigonella foenum-graecum

飲料　料理　香氛　手工藝　美容　其他

科名	豆科葫蘆巴屬
別名	Fenugreek（英）、Methi（印度）
原產地	地中海沿岸
生長習性	1年草
開花期	6～8月
利用部分	種子、葉
利用方法	種子為料理增添風味；嫩葉做成沙拉
保存方法	種子乾燥

葫蘆巴的種子。有別於其他豆科，種子呈現不規則形狀。深土黃色，約2公釐大。又名「Methi」，直接放進嘴裡咀嚼會回苦。

葫蘆巴粉
將種子稍微烘烤後研磨成粉末，會散發焦糖般的甜香。

葫蘆巴粗粉末
直接將種子磨成粗粉末會有苦味，但會散發咖哩的香氣。

葫蘆巴茶
若要品嘗葫蘆巴的滋味，建議泡成香草茶。放涼後滋味依舊甘甜。

葫蘆巴豆芽
泡水後發芽的葫蘆巴。栽培方法很簡單，是富含營養的生菜。

這是原產於地中海沿岸的豆科一年草植物。花謝後，結出豆科特有的細長豆莢。豆莢裡面有著歪斜的四角形種子，這即是在印度稱為「Methi」的葫蘆巴籽。

種子很硬，會散發咖哩般的味道，稍微烘烤再研磨成粉末後，則會充滿焦糖般的甜香。

除了作為咖哩或拌炒的材料，其豆芽也可做成沙拉食用。

葫蘆巴籽的功效 葫蘆巴籽是一種富含維生素、礦物質和蛋白質的香料。人類自古就認為它有健胃、強身的功效。根據最近的研究，葫蘆巴籽也有改善高膽固醇的效果，因而備受矚目。

優美的細葉近似蒔蘿的繖形花科植物。泡成香草茶甜香四溢，
更是魚類料理不可或缺的蔬菜。

茴香
Foeniculum vulgare

飲料 料理 香素 手工藝 賞素 其他

科名	繖形花科茴香屬
別名	Fennel（英）
原產地	地中海沿岸
生長習性	多年草
開花期	6～8月
利用部分	葉、莖、種子
利用方法	葉、莖用於料理；種子乾燥後用於料理，或泡香草茶
保存方法	葉、莖、種子乾燥

甜茴香的花。初秋開黃色小花組成的煙火狀繖形花
序，隨後結實。

茴香可長到1公尺以上，園藝店也有販售小苗。

甜茴香
為株高可達1公尺以上的多年草植物。茴香的基本品種，葉為
絲狀小葉組成的羽狀複葉。主要利用葉與秋季結成的果實作為
香草、香料。

這是在日本的超市裡亦可見到蹤影的繖形花科多年草植物。和旱芹相比，新鮮葉的芳香較溫和，咀嚼時則有柑橘系的清爽感。秋天結的果實（種子）又稱為「茴香籽」，香味與辛辣味比新鮮葉還要強烈，適合用於料理。此外，中醫則將茴香當成胃腸藥使用。

茴香柔軟的葉子可作為料理的裝飾，或泡成新鮮香草茶品嘗，果實磨成粉末可用來消除魚類料理的腥味。若直接放進麵包或餅乾的麵團裡，則能夠增添風味，使食物變得更加可口。

茴香籽
只要購買如上圖的完整種子，就可隨時研磨、享受新鮮的香味。

茴香草
溫和的香味為其特色，可當作沙拉醬的材料或製成綜合香草使用。

茴香粉
用磨粉機將茴香籽磨成粉末。香味芳醇，可作為料理的醃料或用來去腥。

茴香茶
用茴香籽沖泡而成。呈清爽的綠色，滋味甘甜、香氣四溢。是很好喝的香草茶。

蒔蘿和茴香的差異

蒔蘿　　　　　茴香

果實（種子）
種子的狀態與產地也可能造成差異，基本上蒔蘿籽形狀扁平，味道比較強烈。茴香籽則形狀細長，帶有溫和的辣味。兩者側面都有白色條紋。

甜茴香的葉子。為絲狀小葉組成的羽狀複葉。外形纖細帶有香味。可乾燥後當成茴香草使用。

蒔蘿　　　　茴香

葉子
用相同大小的葉子比較，茴香為絲狀，比蒔蘿細，有甜香味。蒔蘿則細而扁平，香味跟種子一樣有強烈刺激味。

茴香的植株比外觀相似的蒔蘿大。栽培也很容易，會接連長出新枝，不需要花工夫照顧。

茴香的新鮮香草茶

若能取得甜茴香的新鮮葉，一定要將它泡成新鮮香草茶品嘗。其茶水透明無色，甜香令人心情愉悅。甜味比茴香籽更溫和，還帶有些許酸味。

三道茴香料理

辛辣又香甜的特殊滋味

沙丁魚義大利麵

【材料】
按人數準備義大利麵條，油漬沙丁魚1人份2尾，新鮮茴香葉、鹽、胡椒適量

【作法】
①將油漬沙丁魚切成適當大小。
②煮義大利麵。
③將①連同油一起拌和煮好的義大利麵，以鹽和胡椒調味。
④用切碎的茴香葉裝飾即可。

茴香餅乾

把茴香籽揉進麵團裡烘烤而成的餅乾。香辣的滋味引人垂涎，非常好吃。少放一點砂糖的話，還能當作下酒菜。
作法→P 115

茴香鬆餅

作法跟茴香餅乾一樣，在麵團裡揉入茴香籽，再撒上新鮮的茴香葉。使用市售的鬆餅粉就能輕鬆製作。

茴香的綜合香料

普羅旺斯香草(Herbes de Provence)

法國普羅旺斯地區的綜合香草之一。用來為肉類或魚類料理增添香氣，或是作為燉菜的醃料。使用的香草有本書介紹的茴香、風輪菜、百里香、羅勒、迷迭香等許多種類，視地區與家庭而有所不同。

⑧墨角蘭　　　→ P 144

④百里香　　　→ P 92

⑨薰衣草的花　　→ P 162

⑤羅勒　　　→ P 122

①奧勒岡　　　→ P 28

⑩迷迭香　　　→ P 180

⑥荷蘭芹　　　→ P 126

②鼠尾草　　　→ P 80

⑪月桂　　　→ P 184

⑦茴香

③風輪菜　　　→ P 82

　茴香的品種　除了本書提到的甜茴香外，還有植株（鱗莖）粗大、可食用的佛羅倫斯茴香（在義式料理中稱為「Finocchio」）。葉子呈古銅色的紫茴香則是觀賞用品種。

滋味微苦且帶有獨特香氣，為點綴日本春季的山菜。

蜂斗菜
Petasites japonicus

科名	菊科蜂斗菜屬
別名	蕗、款冬（日）
原產地	日本
生長習性	多年草
開花期	2～5月
利用部分	葉、葉柄、花莖
利用方法	葉、葉柄、花莖用於料理
保存方法	葉、葉柄、花莖鹽漬或水煮（罐頭）

蜂斗菜的幼株。葉為腎狀圓形的根生葉，柄長。花莖（蜂斗菜薹）於前一年冬季以花蕾狀態伸出地面，初春才開花。雌雄異花，雌花較苦。

春天冒出的嫩葉較無苦味，是可享受獨特香氣的香草。

蜂斗菜野生於矮山至深山的林邊，有時也可見叢生的情況。

蜂斗菜薹。指蜂斗菜的花莖，分雌花和雄花。為日本春季最早出現的山菜，有些地區2月初就能見到它的蹤影，4月過後雪鄉採收的蜂斗菜尤其鮮嫩可口。

可長成大型植株的亞種秋田款冬。北海道有比人還高的野生品種。

栽種蜂斗菜。栽培種「水蜂斗菜」較無苦味且柔軟。

大吳風草

為菊科大吳風草屬的多年草植物。外觀很像蜂斗菜，但葉片硬且有光澤，為常綠植物。10～11月抽出花莖，開黃色的花。嫩葉的葉柄可料理成燉菜，但由於跟蜂斗菜一樣含有毒物質，需去澀使用。

這是原產自日本的菊科多年草植物。亞種有分布於日本東北北部至北海道的秋田款冬，以及以西日本為中心分布的大吳風草（大吳風草屬）。

蜂斗菜薹是一年中最早冒出地面的山菜，為蜂斗菜的花莖，於開花前採收製成蜂斗菜味噌或天麩羅。柔軟的嫩葉亦可食用，不過最常使用的部位是葉柄（莖），一般多削掉粗纖維的皮後再運用於燉菜，或做成滷蜂斗菜柄。

葉、葉柄和蜂斗菜薹含有毒物質「吡咯里西啶生物鹼」（Pyrrolizidine alkaloid），不可多吃。烹調時須去澀。

138

柑橘系的清新香氣使香草茶更加美味。

管蜂香草

Monarda didyma

飲料　料理

葉對生於莖上，呈頂尖的卵形，邊緣有鋸齒。用手搓揉會散發檸檬般的柑橘系香氣。

科名	脣形花科美國薄荷屬
別名	松明花（日）、Bergamot（英）
原產地	北美
生長習性	多年草
開花期	7～10月
利用部分	葉、花
利用方法	葉、花泡成香草茶，或用於裝飾沙拉
保存方法	葉乾燥

管蜂香草為株高1公尺左右的多年草植物，多分枝，葉簇生。夏至秋季開紅色或桃色等豔麗的花朵，花亦可泡成香草茶。

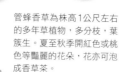

高度超過1公尺的植株。是很強韌的香草。

新鮮葉一定要泡成新鮮香草茶品嘗。香味比乾燥葉濃厚。

管蜂香草的乾燥葉
自然乾燥的葉片。會散發淡淡的檸檬香氣。

管蜂香草茶
呈亮綠色的清爽色澤。充滿檸檬風味，放涼後酸味與甜味會變濃。

這是從前美國原住民使用的一種藥草。葉片的香氣近似調味茶「伯爵茶」添香用的香檸檬（Bergamot orange），故以「Bergamot」命名。這跟用「Bergamot」名稱販售的精華油是不同的東西，購買時要注意。

葉片會散發清新的柑橘系香味，具有鎮靜、健胃與排氣的作用。夏季開火紅色的花，因此在日本稱為「松明花」。這豔麗的花朵亦可作為香草茶和沙拉的材料。

排氣作用 指可消除因腸內累積空氣而造成的脹氣之作用。管蜂香草與香料所含的成分，能夠刺激大腸、改善腸道蠕動以將氣體排出體外。

跟生長在清流邊的山葵一樣，當成辣味佐料使用的香草。日本以北海道為中心栽培，不僅運用於料理，亦作為山葵粉的替代品。

辣根

Armoracia rusticana

辣根為株高可達60公分左右的多年草植物。美國為全世界最大產地，日本最大栽培地則在北海道網走市周邊。嫩葉亦可做成沙拉，最普遍的利用方法是把根磨泥當成香辛佐料。

科名	十字花科辣根屬
別名	蝦夷山葵、西洋山葵、山葵大根（日）、Horseradish（英）
原產地	東歐
生長習性	多年草
開花期	4～5月
利用部分	葉、根
利用方法	葉做成沙拉；根當作香辛佐料
保存方法	根用醬油醃漬或乾燥

辣根的葉。為根生葉，長葉柄的頂端生有長橢圓形的葉子。葉緣有鋸齒。葉片也帶了些許辣味。

辣根的根。隨著成長會木質化而逐漸變硬。根含有辣味成分，可磨成泥作為香辛佐料。

辣根絲
口感爽脆，可當成香辛佐料運用於各種料理。

辣根泥
很辣，除了作為烤牛肉等肉類料理的香辛佐料，淋上醬油做成醬油辣根也很美味。

辣根粉
用乾辣根磨成的粉末。很辣，溶水之後可像山葵一樣當成香辛佐料使用。是山葵粉的原料。

辣根田（北海道）

這是原產自東歐的十字花科多年草植物。於明治時代傳入日本，北海道等地也可見到野生化的品種，又稱為「愛努山葵」。

葉如野草羊蹄（→P89）呈長橢圓形，根像樹根一樣會木質化。根雖含有辛辣成分，但磨成泥後酵素才會產生作用而變辣。

在烹調方面，根可做成辣根醬或肉類料理的香辛佐料，也是山葵粉和管裝山葵的原料。

醬油辣根

好想再添一碗飯

將辣根的根切絲，浸泡在醬油裡即可。加入辣根泥可大幅增加辣度。美味到能吃下好幾碗飯。

辣根沙拉

清爽的辣味

製作沙拉時，把辣根嫩葉當作裝飾與香辛佐料使用的一例。嫩葉的辣味雖然不強，卻可襯托出沙拉的新鮮滋味。

香煎鮭魚佐白醬

充滿辣根的辣味

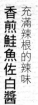

【3人份材料】奶油20g，麵粉2大匙，牛奶200cc，鹽、胡椒少許，辣根粉適量，鮭魚片3片，橄欖油適量

【作法】
①熱平底鍋，以小火融化奶油。
②暫時將平底鍋離火，加入辣根粉和麵粉拌和奶油。
③再開火，以小火慢炒。
④把牛奶倒入③裡，同時用打蛋器仔細攪拌，讓所有材料均勻混合。
⑤等醬汁煮到適當的稠度即成為白醬。
⑥鮭魚撒上鹽、胡椒，以橄欖油煎成一面七分熟、一面三分熟，煎出焦色。
⑦把辣根葉擺在盤子裡當作配菜，放上煎好的鮭魚，淋上白醬即可。

辣根的辣味成分　辣根的辣味成分為烯丙基異硫氰酸酯（Allyl isothiocyanate，烯丙基芥子油），跟日本芥末的辣味成分相同。辣椒的辣味成分無揮發性，而辣根這類十字花科植物的辣味成分具揮發性，揮發後會從口腔竄上鼻腔，變成嗆鼻的辣味。

綻放楚楚可憐的花朵，充滿小黃瓜風味，原產於地中海沿岸的香草。

琉璃苣

Borago officinalis

圖片為長出根生葉的幼株。特徵是整體被覆白毛，可長到50公分以上。初夏開星形花，亦是受歡迎的園藝植物。有藍花種和白花種。

飲料　料理　香氛　手工藝　除臭　其他

科名	紫草科琉璃苣屬
別名	Borage（英）
原產地	地中海沿岸
生長習性	1年草
開花期	5～9月
利用部分	葉、花
利用方法	葉、花泡成香草茶，或做成沙拉
保存方法	葉、花乾燥；花用砂糖醃漬

白花種的白花琉璃苣。花呈獨特的白色星形。

琉璃苣的根生葉。長柄頂端為柔軟的長橢圓形葉片。葉面有皺紋，被覆細毛。葉片可食用。

清淡的小黃瓜風味
兩種品嘗琉璃苣的方法

把香氣近似小黃瓜的葉片切碎製成沙拉。搭配萵苣很對味。

用新鮮葉泡香草茶。放涼後會轉為西瓜般的清甜滋味。

由於這種香草全株覆蓋粗硬的白毛，且夏季開可愛的星形花，因此也是很受歡迎的園藝植物。

琉璃苣含有豐富的鈣與鉀等礦物質，具備強身與鎮痛的作用，過去人們將其當成藥草使用。但食用之後有可能產生過敏反應，應避免攝取過量。

至於利用方法，葉與花可泡香草茶，尤其藍花種跟錦葵（→P150）一樣，加入檸檬汁就會變成桃色。另外，葉片亦可做成天麩羅和沙拉。

142

婚禮使用的「祝福木」，可增添風味的香草。

香桃木

Myrtus communis

| 飲料 | 料理 | 香氛 | 手工藝 | 胺膚 | 其他 |

科名	桃金孃科香桃木
別名	銀梅花、祝福木（日）、Myrtle（英）
原產地	地中海沿岸
生長習性	常綠灌木
開花期	5～6月
利用部分	葉、果實
利用方法	葉、果實用來增添香氣
保存方法	葉、果實乾燥

葉有光澤，其檸檬醛含量遠超過檸檬，純度之高在自然界中數一數二。

檸檬香桃木

桃金孃科白毫氏屬的常綠樹。原產自亞熱帶雨林，故缺乏耐寒性，冬季需準備防寒措施。

前端漸尖的葉片有油腺，帶光澤。亦可乾燥做成撲撲莉。

香桃木

樹高可達2～3公尺，枝從第二年起木質化。葉柄短，葉對生。初夏開花。耐暑性強，耐寒性稍弱。

檸檬香桃木茶

據說味道「比檸檬還像檸檬」，是充滿清新柑橘系香氣的香草茶。

檸檬香桃木乾燥葉

乾燥過的葉片香味持久。除了泡茶，還可運用於料理或製作糕點。

由於香桃木會開近似梅花的5瓣花，故日本人稱其為「銀梅花」。在歐洲則是獻給愛與美的女神維納斯的花，多做成新娘的花圈象徵純潔。

葉片搓揉後會散發尤加利葉的香味，可為肉類料理增添風味，新鮮花瓣則運用於沙拉等食品。

檸檬香桃木是原產自澳洲的近緣種，其檸檬香味的來源「檸檬醛」（Citral）是檸檬的20倍，可泡香草茶或運用於料理。

香桃木的同類 除了原產於地中海沿岸的香桃木，還有原產自澳洲的檸檬香桃木（學名：Backhousia citriodora）。是當地原住民族自古作為藥用或烹調用的香草。另外，澳洲還有名為「肉桂香桃木」的近緣種，雖然沒有肉桂香氣，其甜香仍被用於製作蛋糕等糕點。日本也有販售幼苗。

跟又名「野墨角蘭」、用來增添食物風味的香草奧勒岡同屬。
新鮮葉可做沙拉，乾燥葉能為料理增添風味。

墨角蘭
Origanum majorana

飲料　料理　香氛　手足浴　除臭　其他

科名	脣形花科牛至屬
別名	Marjoram（英）、甜墨角蘭、馬約蘭
原產地	地中海沿岸
生長習性	多年草
開花期	7～10月
利用部分	葉、莖
利用方法	葉、莖可為料理增添風味
保存方法	葉、莖乾燥

墨角蘭的花，夏至秋季綻放。

墨角蘭的乾燥葉
乾燥後香氣也不會散失，使用乾燥葉也很方便。

墨角蘭茶
甜中帶點酸味，據說有鎮靜作用。

墨角蘭為株高可達50公分以上的多年草植物。葉呈1公分左右的橢圓形，互生。葉片柔軟有甜味，還帶點薄荷香氣，多用來消除肉類料理的騷味，或作為番茄與起司料理的配菜。

這是很受歡迎的香草，園藝店會在繁殖季販售幼苗。

清洗新鮮葉並擦乾水分，
浸泡在橄欖油裡製成墨角
蘭油。

這是跟又名「野墨角蘭」
的奧勒岡同屬的多年草植物。
兩者的葉片外觀也很相似，莖
上茂密簇生1公分左右的橢圓
形葉。

墨角蘭帶有甜甜的芳香，
通常運用於料理中。跟羅勒一
樣，搭配番茄料理或起司皆非
常對味，新鮮葉可添加在番茄
沙拉的醬汁裡，或浸泡在橄欖
油中製成墨角蘭油等，使用方
法豐富多樣。亦常利用其甜香
消除肉類的腥味，是製作香腸
時不可缺少的香草。

一般使用的品種為甜墨角
蘭。

発揮新鮮葉片的香氣
兩道運用墨角蘭的料理

西班牙冷湯

【4人份材料】
番茄汁300cc，洋蔥、小黃瓜、青椒、甜椒、
大蒜、檸檬各1個，麵包、墨角蘭各適量，
鹽、胡椒少許

番茄沙拉

【材料】
按人數準備番
茄，新鮮的墨角
蘭葉（帶莖）

【作法】
①把蔬菜（包含墨角蘭）切成1公分大小的碎
丁。
②麵包撕碎泡在番茄汁裡，大蒜切末。
③從①取出點綴用的分量，剩下的跟加了麵包
的番茄汁以及大蒜一起用果汁機打碎。
④用檸檬、鹽、胡椒調味，放進冰箱冷藏。
⑤把湯分裝進容器裡，撒上點綴的蔬菜即可。

【作法】
①番茄切成喜歡的形狀後，擺在盤子裡。
②墨角蘭切碎，跟番茄拌在一起添加風味。
③最後淋上喜歡的沙拉醬即可。只用鹽巴調味
風味依舊豐富。

 西班牙冷湯（Gazpacho） 西班牙安達魯西亞地區流傳的冷湯之一。混合酒醋、蔬菜、大蒜、麵包、橄欖油等材料而成，大多以
番茄為基底。本書介紹的西班牙冷湯是使用番茄汁的改良版，並用墨角蘭增添風味。

辛辣味可襯托肉類、魚類、蔬菜的風味。史前就已開始栽種，
深受全世界喜愛的萬能香辛料。

芥末
Brassica juncea

科名	十字花科芸苔屬
別名	Mustard（英）、芥菜、東方芥末
原產地	中亞至中近東
生長習性	1年草
開花期	3～4月
利用部分	葉、莖、花、種子
利用方法	葉、莖、花用於料理；種子可增添風味
保存方法	種子乾燥

黃芥末籽
芥菜的種子，為日本芥末的材料。顏色更淡的白芥末為近緣種白芥菜（學名：Sinapis alba，原產於地中海沿岸）的種子，辣味比黃芥末溫和。

芥菜芽
發芽3天左右的新芽，看起來很像蘿蔔纓。有辛辣味，適合做成沙拉或配菜。

褐芥末籽
辣味比白芥末和黃芥末強，多磨成粗顆粒作為香腸等肉類料理的香辛佐料。完整種子也常作為西式醃菜的香料。

粗顆粒
種子乾燥後磨成粗顆粒，混合酒醋與蜂蜜即成蜂蜜芥末醬。

粉末
可以水或酒醋化開使用的粉末。拌入美乃滋就成了抹醬。

這是全世界的溫帶地區都廣泛栽種的十字花科一年草植物。莖直立，上部分枝，枝端生4瓣花組成的總狀花序。

種子本身沒有辣味與香味，需磨碎加入水分，藉由酵素作用才能產生強烈的辣味與香氣。

烹調日本料理時，主要是使用芥末糊。使用時以水溶解粉末拌成糊狀，享受其強勁的辣味與竄鼻的香氣。西方自古以來都是將種子磨碎，加入酒醋與蜂蜜調成醬狀使用。此外還可混合其他的香草或香料。

日本芥末

食用前用水和開，充滿刺激的香味與辣味。是關東煮與炸豬排不可或缺的調味料。

自製芥末醬

簡簡單單就能完成的歐洲風味

【材料】
黃芥末籽3大匙，褐芥末籽2大匙，白酒醋1/2杯，鹽1小匙，荷蘭芹1小匙。荷蘭芹等香草隨喜好混合。

【作法】
取一半的白酒醋，放入芥末籽浸泡一晚後加鹽，之後磨碎芥末籽並慢慢倒入剩下的白酒醋。磨到喜歡的稠度即可。靜置一段時間讓材料入味。

第戎芥末醬

法式芥末醬的代表，去除種子外皮製成。溫和的滋味與略顯滑順的口感為其特色。

羅勒芥末醬

滋味溫和的法式芥末醬加上羅勒製成。也可以添加其他種類的香草，變化相當豐富。

黑加侖芥末醬

混合芥末粒與黑加侖而成。充滿黑加侖的甜味與酸味，很適合搭配肉類料理。

黑芥末 除了黃色、褐色和白色外，還有原產於中東、辣味更強的黑芥末，可惜目前產量有限。黑芥末容易跟褐芥末搞混，需要多留意。

花壇常見的園藝植物。有數個品種，
當作香草使用的品種以又名「Pot marigold」的金盞花為主。

金盞花
Calendula officinalis

金盞花的葉子。
呈匙形，互生。

科名	菊科金盞花屬
別名	Marigold、Pot marigold（英）
原產地	地中海沿岸
生長習性	1～2年草（各品種不同）
開花期	3～6月（各品種不同）
利用部分	花
利用方法	花乾燥後可泡香草茶，或作為上色用途
保存方法	花乾燥

金盞花

又名「Pot marigold」，在園藝上不稱「Marigold」，而是以「金盞花」或「Calendula」的名稱販售流通。株高30公分以上，春至夏季開黃色或橙色的花。花當成香草使用。

重瓣的金盞花。花徑大小約5公分。

單瓣的金盞花。花徑約3公分的小型花朵。

金盞花的乾燥花
花乾燥後可泡茶、為料理上色或作為染色用途。

金盞花茶
用金盞花的乾燥花沖泡的香草茶。帶有芳香與些許酸味。

「Marigold」通常是指菊科萬壽菊屬的法國萬壽菊，或非洲萬壽菊等植物。這些植物的根有防除線蟲的效果，但不作為香草使用。

而當成香草利用的「Marigold」，則是同為菊科的金盞花屬植物。其乾燥花可泡香草茶，或為料理上色。

不過，若是萬壽菊屬的檸檬萬壽菊與薄荷萬壽菊，其葉片也可泡成香草茶品嘗。

各種萬壽菊

法國萬壽菊的花。秋季種於花壇觀賞用的
代表性品種。

法國萬壽菊

學名：Tagetes patula，又名「孔
雀草」。葉為深裂的羽狀複葉，株
高可達50公分以上。夏至秋季開黃
色或橙色的花，花徑大小約5～7公
分。原產自墨西哥。

薄荷萬壽菊的花。直到初冬都
會開許多小花。

檸檬萬壽菊

學名：Tagetes lemmonii。菊
科萬壽菊屬的多年草植物。葉片
會散發檸檬香氣，多泡成新鮮香
草茶品嘗。

薄荷萬壽菊茶。充滿清爽的酸
味。

檸檬萬壽菊的花。秋季開許
多黃花。

檸檬萬壽菊茶。清新的檸檬風
味為其特色。

薄荷萬壽菊

學名：Tagetes lucida。葉與花有芳香，除了
泡香草茶，也以「墨西哥龍艾」的名稱作為增添
料理風味用的香草。跟法國萬壽菊一樣，根有防
除線蟲的效果，可當成伴生植物栽種。

「Marigold」的原產地　主要當成香草使用的金盞花，原產地為南歐的地中海沿岸地區。而觀賞用或改良土壤用的法國萬壽菊與
非洲萬壽菊則原產自墨西哥，跟法國和非洲並無任何關係。可當成香草使用的檸檬萬壽菊與薄荷萬壽菊亦原產於墨西哥。

夏季綻放的紅紫色美麗花朵可泡成香草茶品嘗。

錦葵
Malva Sylvestris

飲料　料理　香感　手工藝　驅蟲　其他

科名	錦葵科錦葵屬
別名	薄紅葵（日）、Common mallow（英）、藍錦葵
原產地	地中海沿岸
生長習性	多年草
開花期	5～9月
利用部分	花
利用方法	乾燥花可泡香草茶
保存方法	花乾燥

藍錦葵
株高可達1公尺以上的錦葵科多年草植物。夏季開淡紅色的花，花可做成沙拉，乾燥後則作為香草茶的材料。可改善喉嚨發炎的症狀，若購入乾燥花，建議泡成香草茶品嘗。

藥蜀葵
錦葵科蜀葵屬的多年草植物。學名：Althaea officinalis。原產地為西亞至東歐。葉呈卵形或掌狀，夏季開淡桃色的花，葉與莖、根皆可作為香草使用。

藍錦葵的乾燥花
乾燥後變成漂亮的藍色。

藍錦葵茶①
直接以乾燥花沖泡會呈現美麗的藍色。

藍錦葵茶②
在①裡加入檸檬汁就會變成淡紅色。

說到錦葵，大家較熟悉的是「藍錦葵」這個香草名。其特色為乾燥花沖泡而成的香草茶茶水呈獨特的藍色，一旦加入檸檬汁就會變成淡紅色。不少香草茶愛好者就是喜歡這種鮮明的色澤。藍錦葵茶有消炎效果，可作為止咳藥使用。

另外，同屬錦葵科的藥蜀葵（日本稱為薄紅立葵）也具有藥效，根磨成泥會產生黏液，在過去是棉花糖的原料。

原產於日本的香味蔬菜，青草香氣與色彩可妝點料理。

鴨兒芹

Cryptotaenia japonica

飲料　料理　　香　　手工　鮮　　其他

科名	繖形花科鴨兒芹屬
別名	三葉、三葉芹（日）
原產地	日本
生長習性	多年草
開花期	5～8月
利用部分	葉、莖
利用方法	葉、莖入菜或作為添香用途
保存方法	葉、莖乾燥

野生的鴨兒芹。株高可達30公分以上，葉大香味濃。葉為三出複葉，因此日本將其取名為「三葉」。

水耕栽培的綠鴨兒芹。葉較小，莖細且柔軟，細膩的口感為其特色。

野生於林地的鴨兒芹。夏季時分，白色小花會於莖的前端綻放。

鴨兒芹的乾燥葉
乾燥葉泡水即可恢復香氣。雖然味道不如新鮮葉濃，仍足以發揮香頭的作用。

鴨兒芹茶
呈金黃色，充滿獨特的香氣。加鹽調味的話，就能直接當成清湯品嘗。

這是野生於日本本州，以及四國、九州山地的繖形花科植物。喜歡潮溼的半陰暗環境，初春至初夏為盛產期。發出新芽的植株葉與莖皆柔軟，香味也很濃。

日本早在江戶時代就開始栽種，現在整年都可買到溫室水耕栽培的鴨兒芹。野生的鴨兒芹比溫室栽培的大株，香味也較濃烈。除了做成涼拌菜享受爽脆口感與香氣，還可當作湯品的香頭，或是蓋飯的裝飾。

在陽臺栽種鴨兒芹時享受現摘的美味。　取用鴨兒芹的莖、葉後，把根留下種回土裡就會再度發芽。只要留意水分是否充足，細心照顧，之後就可隨

可一掃暑氣，為疲乏的身體注入活力，提振食欲。
日本夏季的香味蔬菜代表。

茗荷
Zingiber mioga

飲料　　　　香氣　　工藝　　　　其他

科名	薑科薑屬
別名	蘘荷
原產地	東亞
生長習性	多年草
開花期	6～10月
利用部分	偽莖、花穗
利用方法	偽莖、花穗可當香辛佐料或入菜
保存方法	偽莖、苞葉、花鹽漬或醋漬

茗荷是利用地下莖繁殖，花穗則直接從地下莖抽出。地上帶葉的莖狀部分是偽莖，剛冒出地面的嫩偽莖稱為「茗荷茸」。

花穗放著不管，就會開出淡米色的花。飽含水分的薄花瓣容易受傷，因此只能在氣溫尚未上升的早晨採收。帶有些許茗荷香味與入口即化的口感。

葉互生，外觀很像竹葉。植株高度可達40公分以上。

野生的茗荷。一旦冒出地面受到日光照射，顏色就會越來越綠。

人工栽培的茗荷。由於溫室栽培盛行，目前整年都可以買到。購買時最好選擇水嫩緊實的淡紅色茗荷。

茗荷野生於日本各地。一般販售的是從地下莖抽出的花穗。口感爽脆，咀嚼就有清涼香味竄上鼻腔。多切碎做成涼菜或素麵的香辛佐料，或當成生魚片的配菜、湯料與醋拌菜。也運用於醃漬物上。而花穗開出的花，可趁新鮮時做成醋漬物或天麩羅。

另外，5月冒出地面的嫩偽莖稱作「茗荷茸」，柔和的香氣與纖細的口感為其特色。跟茗荷的嫩芽一樣，適合做成醋漬物，也可以生鮮做成下酒菜或清口小菜。

茗荷喜歡林邊背光處等水分充足的環境。只要條件吻合，就會迅速地以地下莖繁殖叢生。

在長滿茗荷的山野背陽處，50平方公分的範圍即可採收滿滿一籃花穗。

茗荷調味醬

配上剛煮好的米飯或烤肉都很對味的萬能幫手

【材料】
茗荷1個，生薑1片，白芝麻（研磨芝麻）1大匙，味噌1大匙，鹽漬紫蘇果實1小匙，鹽漬山椒實1小匙

茗荷、生薑、紫蘇果實、山椒實切末，混合白芝麻之後；加入味噌攪拌均勻。

各種香味蔬菜的香氣與辣味渾然一體，不需再調理，直接就能當成美味的下酒菜。

兩道茗荷×梅醋料理

可長久享受當季的風味

茗荷茸可食用的部位為尾端的白色部分。醋漬後會變成美麗的淡紅色。

將採摘下來的茗荷放在陰暗處去除水分後浸泡在梅醋裡，即可長久享受其香氣。

山薑 山薑是一種常綠多年草植物，因葉片近似茗荷，在日本稱為「花茗荷」。山薑野生的環境和茗荷十分類似，外觀也很相像，但跟茗荷是不同種類的植物，不可食用。

葉片散發的特殊清涼感是這種香草獨一無二的特色。
可製成飲料、化妝品、退燒藥等各式各樣的產品。

薄荷
Mentha

飲料　料理　香氛　手工藝　除蟲　其他

科名	脣形花科薄荷屬
別名	西洋薄荷（日）、Mint（英）
原產地	地中海、歐洲、西亞
生長習性	多年草
開花期	6～9月
利用部分	葉、莖
利用方法	葉、莖用於料理或泡香草茶
保存方法	葉、莖乾燥

薄荷株高可達50公分以上，葉簇生，利用地下莖繁殖。在某些地方冬季仍展現出旺盛的繁殖力。

日本野生的日本薄荷（右）和萃取出來的精油。北海道北見市周邊，與新潟縣魚沼地區都有栽培日本薄荷。

日本薄荷的葉子與精油的結晶。結晶可用來為糕點與牙膏增添香味，合成品也不少。

萃取日本薄荷的精油時，於蒸餾期間產生的薄荷水。應用於化妝水等產品。

胡椒薄荷

歐洲原產薄荷的代表品種，學名：Mentha piperita。為綠薄荷與水薄荷的雜交種，自古作為藥用、食用與利口酒添香用。強烈的薄荷香氣為其特色，日本野生的日本薄荷是其近緣種。

胡椒薄荷的葉片。比綠薄荷軟，葉片無縐縮。

乾燥的蘋果薄荷

放在通風良好的半陰暗處晾乾，就能製成乾燥葉。泡成香草茶很美味。

綠薄荷茶

綠薄荷的香氣比胡椒薄荷溫和，適合泡成新鮮香草茶。滋味圓潤，散發清新香氣。

在住宅空地繁殖叢生的綠薄荷。周圍化成一片薄荷田。

這是大家最熟悉的香草，充滿清涼感的香味與滋味常運用於口香糖和牙膏。薄荷容易雜交，據說品種有數百種，希望各位能記住胡椒薄荷、綠薄荷等基本品種的栽培與利用方法。近來人們也開始栽種帶蘋果或鳳梨香氣的薄荷，可以挑選喜歡的品種利用。

薄荷的繁殖力很強，即使在荒地也能伸出地下莖不斷繁殖。不過薄荷討厭潮溼的環境，若繁殖過盛就得修剪改善通風，這點很重要。用花盆也能種得很好。

大量使用薄荷營造辛辣滋味
兩種薄荷雞尾酒

【古巴調酒1杯份材料】
薄荷葉10片，蘭姆酒30cc，蘇打水50cc，萊姆1/2顆，砂糖1大匙，碎冰適量

肉類料理也能變得清爽
薄荷甜酸醬

【2人份材料】
薄荷葉20～30片，洋蔥1/4顆，青辣椒2根，檸檬1/4顆，生薑1片，大蒜2瓣，水、鹽、胡椒少許

【作法】
①去掉青辣椒的蒂頭，削掉生薑的皮，跟洋蔥、大蒜、薄荷葉一起大略切過。
②把①全放進食物調理機或果汁機裡打成糊狀。
③檸檬榨汁，按喜好調整薄荷醬的酸味。
④放鹽、胡椒調味即可。

淋在油脂較多的煎羔羊肉或煎雞肉上，可消除肉的騷味，變成滋味清爽的料理。

【作法】
①把萊姆、薄荷葉、砂糖放進杯裡擠壓。
②放進碎冰，倒入蘭姆酒，加入所需分量的蘇打水攪拌，古巴調酒即完成。

＊右圖是用波本威士忌取代蘭姆酒調製而成的薄荷冰酒。

薄荷茶 薄荷的獨特清涼感來自於薄荷腦（Menthol），想使芳香成分釋放出來，就得利用揉搓之類的方式給予葉片刺激。薄荷種類繁多，可享受多種口味的薄荷茶。不過，胡椒薄荷含有較多的薄荷腦，味道較強烈，因此要斟酌用量，或是與香味溫和的薄荷混合使用。乾燥葉香氣較弱，但風味圓潤。

古龍薄荷的小花。呈淡紫色，楚楚可憐。

古龍薄荷

Eau de cologne mint。淡淡的柑橘系芳香為其特色。據說是胡椒薄荷的變種，葉片也很相似，綠中帶紫。

蘋果薄荷

原產自地中海沿岸。葉片一經揉搓就會釋放青蘋果般的清淡香氣。植株強韌，繁殖力相當強。

蘋果薄荷於夏季開穗狀白花。

貓薄荷的花。花朵偏大，有各種顏色。

貓薄荷

這是薄荷屬的近緣「荊芥屬」的植物。外觀近似同屬且受貓喜歡的貓草，但貓薄荷較不受貓青睞。為大型薄荷，被覆白毛的葉片上有縐縮。

皺葉薄荷

在日本又稱為「縮緬薄荷」，特徵是葉片縐縮，邊緣呈波浪狀。有綠薄荷的香味。原產於地中海沿岸。

夏季開花的葡萄柚薄荷。為淡紫色小花。

葡萄柚薄荷

據說是蘋果薄荷和胡椒薄荷雜交的品種，如同名稱，帶有葡萄柚的香味。

糖果薄荷

Candymint。葉片帶紫色的胡椒薄荷類。葉小香味濃，經常用於增添薄荷風味。

綠薄荷

Spearmint。其香氣與胡椒薄荷並列為薄荷的代表。葉片比胡椒薄荷大且縐縮，邊緣有細齒裂。夏至秋季開穗狀白花。

日本薄荷

少數野生於日本的薄荷屬植物。又稱為「和種薄荷」，會散發溫和的薄荷香味。在合成薄荷出現之前，日本各地都有栽種。目前北海道北見市和新潟縣魚沼地區仍持續栽培。

日本薄荷的花，輪生於葉腋。

薑薄荷的新芽。

薑薄荷

很像胡椒薄荷，葉片偏小而柔軟，淡紫色小花輪生於葉腋。因散發薑一般的薄荷味而得此名。

鳳梨薄荷

蘋果薄荷的雜交種，有甜甜的水果香氣。最大特徵為葉緣有斑點，很受歡迎。

山薄荷

Mountain mint。雖然名為薄荷，卻是另一種密花薄荷屬（Pycnanthemum）的植物。有薄荷味，可作為香草使用。夏季開白花，也有寬葉的品種。

黑胡椒薄荷

Black peppermint。胡椒薄荷的雜交種，特徵是莖帶紫色。薄荷味濃，多泡成香草茶或作為入浴劑使用。

普列薄荷

Pennyroyal mint。夏季綻放的淡紫色花呈可愛的球狀，多作為園藝植物栽種。有毒不可食用。具有驅除螞蟻或椿象等害蟲的效果。

薄荷的栽培 薄荷是強韌的植物，很容易栽培。但因為易與其他品種雜交，如果想使用特定品種的香草，建議購買幼苗栽種。此外，薄荷繁殖力強，地下莖會不斷蔓延繁殖，栽種時最好避免讓不同品種的薄荷相鄰生長。

曾在希臘神話中出現，英雄阿基里斯也用過的香草。

蓍草

Achillea millefolium

飲料　料理　香氛　手工藝　經濟　其他

科名	菊科蓍屬
別名	西洋鋸草（日）、Yarrow、Milfoil（英）
原產地	歐洲
生長習性	多年草
開花期	5～8月
利用部分	花、葉、莖
利用方法	葉、莖可泡香草茶；嫩葉用於料理；花與葉可製作撲撲莉或當成染色材料。
保存方法	花、葉、莖乾燥

葉深裂，形狀細如鋸子，因此在日本稱為「鋸草」。別名「Milfoil」（千葉蓍）也是取自葉片形狀。

黃花蓍草。莖頂端分枝，開黃色小花。

市面上售有幼苗盆栽，很容易栽培。栽種時放在日照與通風良好的地方即可。

普通蓍草。利用地下莖繁殖，株高可達70公分以上。含豐富的維生素與礦物質。

蓍草的新鮮葉
含單寧（Tannin）和母菊萜（Chamazulene），自古以來即公認具有止血、殺菌等作用。

蓍草的香草茶
入口後會殘留些許苦味，混合其他香草沖泡較容易入喉。

早在古希臘時代就已開始栽培的香草。據說英雄阿基里斯曾在特洛伊戰爭中將其當成止血藥使用，解救了士兵。適應性高、繁殖力旺盛，世界各地都有野生種。在日本也看得到野生化的觀賞用品種。

嫩葉有胡椒的風味，可做成沙拉和涼拌菜。花、葉、莖乾燥後可泡香草茶，亦是很受歡迎的撲撲莉或花圈的材料。

此外，蓍草還是受矚目的伴生植物，能使周遭的植物更有活力。

可作為日式料理的香辛佐料與調味料或柚子浴的材料。日本人熟悉的香味。

日本柚子
Citrus junos

飲料　料理　香氛　□□□　盆器　其他

科名	芸香科柑橘屬
別名	鬼橘（日）、橙子皮
原產地	中國
生長習性	常綠小喬木
開花期	5～8月
利用部分	果實
利用方法	果皮和果汁可做成飲料和入菜，或作為入浴劑的材料
保存方法	果皮乾燥或用砂糖醃漬；果實用砂糖熬煮

未成熟的青柚子。果皮可作為香辛佐料或添香用，果汁很適合搭配烤物。

成熟的黃柚子。和青柚子相比，香味與酸味較溫和。

看起來像一大一小的葉子相連，這是柑橘類特有的葉形（→P53）。一旦撕開就會散發清爽的香氣。枝有尖刺。

翼狀的柄

將成熟果實的果皮乾燥即可長久享受香味。

日本柚子是柑橘類中具耐寒性的植物，日本東北以南廣泛栽培。生長緩慢，以種子栽培需要等十幾年才會結果。

花柚子的果實，比日本柚子小顆且香味較弱，但結實豐富。可用來取代日本柚子。

日本柚子原產於中國揚子江上游。根據紀錄，日本早在奈良時代就已進行栽培。表面粗糙的大顆果實，在尚未成熟前即散發清爽的芳香。

未成熟的青柚子與成熟的黃柚子，兩者的果皮皆可作為香辛料與提味佐料，酸味強勁的果汁則做成柚子醋使用。另外，日本自古流傳冬至泡柚子浴（把日本柚子放進浴缸裡）的習俗，據說可暖和身體預防感冒。

日本數一數二的柚子產地高知縣馬路村的柚子園。

日本柚子的花　初夏時分，5瓣白花就會綻放於葉腋。「柚子花」是俳句常用來表示夏天的詞彙。花給人小巧可愛的印象，香味卻出乎意料地濃烈，一到開花期，周遭即會瀰漫著清爽的甜香味。

柚子茶

【材料】
日本柚子200g，蜂蜜200g

【作法】
切碎柚子皮，跟柚子汁、蜂蜜混合後於常溫下靜置約3天。等味道融合即可。

柚子七味粉

【材料】
乾燥柚子皮、七味辣椒粉（→P108）各2大匙

【作法】
把柚子皮切碎，跟七味辣椒粉均勻混合即可。

柚子味噌

【材料】
柚子（大）1顆，味噌1大匙，砂糖1/2小匙，味醂1大匙

【作法】
把柚子皮磨成細末，加入味噌、味醂、砂糖和柚子汁，以小火拌煮即可。

柚子鹽

【材料】
乾燥柚子皮、鹽各1大匙，胡椒分量按各人喜好添加

【作法】
把柚子皮切碎，跟其他材料混合即可。

【材料】青柚子4顆，青辣椒（小）10～15根，鹽少許

陶瓷磨泥板、手套、密封容器

3 磨柚子皮的綠色部分。盡量選用孔洞較細的磨泥板。

4 混合磨好的柚子皮、青辣椒和鹽巴，隨喜好添加柚子汁。

1 戴上手套，去除青辣椒的蒂頭和種子，放入食物調理機裡攪打成糊狀。

2 青柚子去除種子後榨成果汁。果汁的作用為調整柚子辣椒醬的稠度。

5 裝進煮沸消毒過的密封容器裡冷藏保存。過了2天味道融合後即可食用。

黃色的柚子辣椒醬 柚子辣椒醬也可以用成熟柚子和紅辣椒製作。成熟辣椒的辣味與成熟柚子的甜香為其特色。用鹽麴取代鹽可增加鮮甜味，讓滋味更加溫和。

具代表性的香草，甜香四溢，美麗的淡紫色花朵使人著迷。可做成入浴劑、撲撲莉或香草茶來享受其獨有的香氣。

薰衣草

Lavandula

花。初夏抽出花莖，頂端開薰衣草色的穗狀花。花可泡香草茶，或做成撲撲莉、入浴劑等等。

飲料　料理　香氛　手工藝　除蟲　其他

科名	脣形花科薰衣草屬
別名	Lavender（英）、普通薰衣草（各品種不同）
原產地	地中海沿岸
生長習性	常綠灌木
開花期	5〜7月（各品種不同）
利用部分	葉、花
利用方法	葉、花可製成香草茶、撲撲莉、入浴劑等等
保存方法	花乾燥

葉。英國薰衣草的葉子。莖多分枝，生線形葉。葉為灰綠色，也可用來泡香草茶。

薰衣草的乾花。於開花前採收製作，可減少令人煩惱的落花問題。

薰衣草的乾燥花
若是經過認證的有機栽培產品，可以泡成香草茶或用於料理添香。

薰衣草的新鮮葉
若是自家庭院的薰衣草，其葉片亦可泡香草茶（狹葉種）或作為入浴劑的材料。

英國薰衣草

English lavender。屬於普通薰衣草（最普遍的薰衣草）或稱狹葉薰衣草系的基本品種之一。葉帶灰綠色，樹高可達1公尺以上。開花期為5〜8月，花呈淡藍紫色（亦即薰衣草色），味道芳香濃郁，是園藝不可缺少的品種。具有適合生長在寒冷地區的耐寒性，北海道富良野產的薰衣草屬於這個種類。

從薰衣草的花與葉萃取出來的甜香精油。有鎮靜作用。

英國薰衣草的幼苗，屬於最普遍的狹葉薰衣草系。

這是人類遠從古羅馬時代就開始栽種、利用的香草。當時多作為入浴或洗衣時的添香材料，因此以拉丁語的「Lavare」（洗淨之意）為這種植物命名。

品種可分為好幾個系統，有最常見的狹葉薰衣草系、法國薰衣草這類薰花的頂部有可愛苞葉的頭狀薰衣草系、葉片帶灰色的寬葉薰衣草系、葉緣有鋸齒的齒葉薰衣草系、蕾絲薰衣草這類葉子深裂的羽葉薰衣草系，以及狹葉與寬葉雜交而成的大薰衣草系等等。

薰衣草可以製成撲撲莉、入浴劑，或泡成香草茶來享受香氣。

用緞帶和薰衣草花莖編成的花杖。

最常見的薰衣草用法就是將其製成撲撲莉或香囊。

裝進細網袋裡做成入浴劑。即使分量不多，香氣依舊濃烈。

在家享受高原的美味 薰衣草冰淇淋

【材料】香草冰淇淋、薰衣草的乾燥花（分量按人數準備少許），研磨缽

用研磨缽磨碎薰衣草花，加進冰淇淋裡攪拌，散發香氣後盛入容器裡即可。

薰衣草花的 香草茶

用乾燥花沖泡而成的香草茶。呈薰衣草色，芳香馥郁，還帶點酸味。

薰衣草葉的 香草茶

使用狹葉薰衣草系的葉子泡成的新鮮香草茶。跟花一樣充滿香味。

薰衣草的芳香成分 主成分為柑橘類的香檸檬富含的乙酸沉香酯（Linalyl acetate）與芳樟醇（Linalool）等等。此外也含有樟腦、尤加利、迷迭香、月桂等皆有的芳香成分「桉樹腦」，具有鎮靜之類的效果。

各種薰衣草

透過雜交，薰衣草已誕生出數百個品種。除了像普通薰衣草這類花色深、香味濃的品種，還有許多因花形特殊或香氣獨特而受到歡迎的品種。大家可以挑選喜歡的種類來運用。

狹葉薰衣草系
藍山薰衣草
Blue mountain lavender。普通薰衣草的同類，花為深紫色。特徵是花穗很長。

狹葉薰衣草系
香水薰衣草
Sentivia lavender。初夏與秋季開花，香味濃烈的狹葉薰衣草種。花色濃而美麗。

香水薰衣草的花。

狹葉薰衣草系
孟斯泰德薰衣草
Munstead lavender。狹葉薰衣草系裡很好照顧的早開品種。花多，香味濃。

孟斯泰德薰衣草的花。

頭狀薰衣草系
荷姆斯德爾薰衣草
Helmsdale lavender。頭狀薰衣草系為薰衣草的代表品種，又稱為法國薰衣草。花的頂部有紫色苞葉，宛如兔耳般可愛。

孟斯泰德薰衣草的花穗。

荷姆斯德爾薰衣草的幼苗。

齒葉薰衣草的花。呈淡
紫色,花筒5裂。

彷彿觀葉植物的葉片,
邊緣的鋸齒為其特徵。

羽葉薰衣草系 **蕾絲薰衣草**

Lace lavender。葉深裂呈蕾絲狀
的薰衣草。原產自地中海沿岸,
不耐寒。生長條件好的話,四季
都能開花。

蕾絲薰衣草
的花。呈深
紫色,香味
淡。

齒葉薰衣草系
齒葉薰衣草
Lavandula dentata。葉緣呈鋸
齒狀的薰衣草,原產自北非與西
班牙。又稱為流蘇薰衣草,有些
地方四季都能開花。

寬葉薰衣草系 **穗花薰衣草**

Spike lavender。寬葉薰衣草
系原產自地中海西岸的薰衣草
系統。穗花薰衣草為其代表品
種,花色淡,香味亦淡薄。有
樟腦味(樟樹葉片的氣味)。

大薰衣草系
雪絨花薰衣草
Edelweiss lavender。
花穗長,少見的白花種
薰衣草。6〜7月開花。
強韌好照顧。

大薰衣草系
天方夜譚薰衣草
Arabian Night Lavender。英國薰
衣草與寬葉薰衣草的雜交種。花有濃
烈的樟腦味,可採收大量的花。

  薰衣草的藥效 薰衣草的濃郁甜香有鎮靜作用。此外還有針對頭痛、肩頸僵硬等的鎮痛作用,其殺菌、防腐的性質也有助於衣物
防蟲,多製成香囊等物品使用。

又甜又軟。法國冬天不可缺少的香味蔬菜。

韭蔥

Allium ampeloprasum

飲料　料理

科名	石蒜科蔥屬
別名	西洋蔥（日）、Leek（英）、Poireau（法）
原產地	地中海沿岸
生長習性	2年草
開花期	5～6月
利用部分	葉鞘
利用方法	葉鞘入菜；葉可為料理增添香氣
保存方法	葉鞘冷藏保存

全長約30～50公分。跟白蔥一樣栽培時需培土，冬季採收。冒出地面的綠葉扁平且硬，土裡如蔥一般的層狀葉鞘則又白又軟。

葉

葉鞘

葉和大蒜（左）一樣扁平非中空，比大蒜粗。葉鞘部分像蔥（右）一樣又長又白，比蔥粗。

近似蔥的葉鞘部分剖面圖。葉鞘為好幾層的圓筒形。

葉鞘

韭蔥

早在公元前，人類就於地中海沿岸栽種韭蔥，還留下古羅馬皇帝尼祿為使聲音好聽而經常食用的逸聞。後來傳至歐洲，目前歐美地區廣為栽培。日本則是在明治初期傳入，可惜並不普及，產量也不多。

外觀乍看之下很像下仁田蔥，綠色的葉子部分像韭菜一樣扁平而硬不適合食用，白色圓筒狀的葉鞘部分則運用於料理。香氣比蔥及洋蔥溫和，辣味也很平淡且無特殊氣味，因此也可做成沙拉。

甜味很強，口感入口即化。加熱後能增加甜味，多運用於蔬菜燉肉鍋等燉菜，或湯品、焗烤等菜餚，尤其在法國更是冬季料理不可或缺的食材。綠葉部分亦可用來為燉煮料理增添香氣。

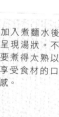

加入煮麵水後呈現湯狀。不要煮得太熟以享受食材的口感。

準備切碎的葉鞘或香草作為最後的點綴，可讓成品更美觀。

韭蔥義大利麵
享受韭蔥的甜味

【4人份材料】燻製鴨肉100g，香菇2朵，韭蔥1根，短義大利麵100g
【作法】
①把燻製鴨肉、香菇、韭蔥切成一口大小。
②用橄欖油拌炒①，加鹽與胡椒調味。
③把煮得軟硬適中的義大利麵，以及少許煮麵水加進②裡混合。
④將隨意切碎的葉鞘部分，或是奧勒岡、羅勒、墨角蘭等新鮮香草撒在上面即完成。
※用培根或義式培根取代鴨肉也很美味。
※短義大利麵用筆管麵、螺旋麵、蝴蝶麵等任何形狀都可以，最好挑選容易沾上醬汁的種類。

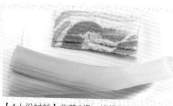

煮好後，撒上香草麵包粉和起司粉，放進烤箱烤一下表面，就成了熱騰騰的焗烤韭蔥。

清湯燉韭蔥
趁熱品嘗入口即化的美味

【4人份材料】韭蔥1根，培根50g
【作法】
①用小火仔細拌炒切成碎塊的培根。
②加入切成10公分左右的韭蔥以及少許水或高湯，以小火燉煮。

韭蔥在日本的現況 韭蔥含有豐富的維生素與胡蘿蔔素，加熱後營養也不會大量流失。在能夠便宜買到的法國又稱為「窮人的蘆筍」，常運用於家庭料理。日本因產量有限，市面上大多是歐美進口的產品，很難在普通家庭的餐桌上見到。但仍有許多人熱愛這種有別於蔥的滋味與口感。

充滿芝麻味與辛辣感，是義式料理不可或缺的香味蔬菜。

芝麻菜
Eruca vesicaria

飲料　料理　　　　　　　　　　綠色　其他

科名	十字花科芝麻菜屬
別名	黃花蘿蔔(日)、Rocket(英)、Rucola(義)、火箭菜
原產地	地中海沿岸
生長習性	1年草
開花期	4～5月
利用部分	葉、花、種子
利用方法	葉、花、種子用於料理
保存方法	種子乾燥

葉為根生葉。莖直立分枝，頂端開淡米色的十字形4瓣花。花也可以當成食用花卉運用於料理或飲料。

芝麻菜籽
細長的果莢裡裝著小種子。跟葉與花一樣，都有芝麻風味與辣味。

芝麻菜籽茶
芝麻味濃烈，香氣馥郁。是口感清爽的飲料。

葉片偏圓，葉緣有細缺刻。較為挺立的鮮綠色葉子風味豐富。一般採收長約10公分的葉子使用。

嫩菜葉。為發芽10～30天左右的柔軟嫩葉，芝麻味很濃，最適合做成沙拉。

芝麻菜搭配起司、生火腿或橄欖油都很對味，與義大利料理關係匪淺。全株有芝麻香氣與辣味，還帶點微苦，廣泛運用在披薩、義大利麵、沙拉、義式生牛肉片的配菜等。

芝麻菜富含維生素C、鐵質與鈣質，具有健胃、強身的作用。據說埃及豔后克麗奧佩脫拉為保持美貌而經常食用。

芝麻菜容易發芽，種在花盆裡也很好照顧，最適合放在陽臺栽培。可享受現摘的風味。

芝麻菜容易發芽，播種後約1週就會萌芽，長出近似蘿蔔纓的雙葉。

栽培芝麻菜

隨意撒下的種子也很容易發芽，可以直接在土上播種。發芽後約1週就會長出本葉。

播種後過了1個月左右，可間苗順便採收嫩葉。

播種2個月後，就會長到同市售品的大小。從外側依序採收可長久享受現摘樂趣。

芝麻菜沙拉
義式料理的基本菜色

【材料】
芝麻菜1把，培根2片，鹽、胡椒少許。可依喜好使用橄欖油。

【作法】
培根切成細條拌炒，加入鹽、胡椒調味，芝麻菜撕成方便食用的大小後和培根拌在一起。依喜好淋上橄欖油。

長久享受現摘樂趣的祕訣　芝麻菜長出花莖後葉會變硬，不易長出嫩葉，因此花莖一抽出就要將其從末端摘除。如此一來嫩葉即會不斷生出，能長久取用柔軟的葉片。新手也能輕鬆栽培，不過春季與秋季容易長蚜蟲，要多留意。

發揮芝麻風味與辣味

這是第124頁介紹的羅勒醬應用版。採收大量芝麻菜後,先做成芝麻菜醬保存起來,之後就可運用於義大利麵和披薩,或作為肉類與魚類料理的醬料,隨時享受新鮮風味。

使用的部分只有葉子。避免連莖一起調理,否則會產生粗纖維,並留下苦味與草味。搭配松子、胡桃、腰果等堅果類,可營造恰如其分的辣味與苦味。

① 大蒜與腰果切末。腰果切碎前先用平底鍋烘烤一下以增加香氣。

② 將撕碎的芝麻菜與大蒜、腰果、橄欖油、鹽放進食物調理機裡,攪拌至綿滑的程度。

③ 完成鮮綠色的醬。可再調味,或直接作為披薩與義大利麵等料理的醬料。

④ 裝進煮沸消毒過的密封容器裡,並在上層倒入橄欖油,蓋緊蓋子即可保存。

【材料】
芝麻菜1把,腰果1大匙,大蒜2瓣,橄欖油50cc,鹽1/4小匙。亦可隨喜好加入帕馬森起司。

一道使用芝麻菜醬的料理
雞肉佐芝麻菜醬

雞腿肉用橄欖油煎過後,淋上芝麻菜醬即可。
加熱芝麻菜醬時,可添加少許醬油提味。

葉柄的水果酸味可製成果醬品嚐。

大黃
Rheum rhabarbarum

科名	蓼科大黃屬
別名	Rhubarb（英）、食用大黃、圓葉大黃
原產地	西伯利亞南部
生長習性	多年草
開花期	6〜7月
利用部分	葉柄
利用方法	葉柄可做成果醬或派餡
保存方法	葉柄製成果醬保存

大黃的幼株。葉為圓形或心形的根生葉，葉柄帶紅色。葉柄可取代水果加工製成果醬等食品。

剛冒出心形根生葉的大黃幼苗。

大黃的幼株，帶紅色的葉柄很搶眼。

大黃醬
用砂糖熬煮而成的果醬。充滿水果味，很難跟葉柄的外觀聯想在一起。

沾了大黃醬的餅乾
大黃醬酸味十足，可為麵包與餅乾等食品增添風味。

這是跟具有消炎、緩瀉作用的生藥材大黃同屬的植物。

為株高可達1公尺以上的大型多年草植物，葉柄跟蜂斗菜的幼株一樣帶紅色，葉片則像蜂斗菜的葉子，呈心形或圓形。

當成香草使用的部位並非葉片，而是紅色的長葉柄。柄有水果般的清新香氣與酸味，主要用法為加工製成果醬。葉子含有大量容易造成結石的草酸，因此被視為有毒而不適合食用。夏季開淡黃綠色的花。

緩瀉作用與草酸 緩瀉作用是指刺激腸道和緩地促進通便的作用，不像瀉藥那樣服用後立刻出現劇烈腹瀉的情況。據說大黃也有這種整腸作用。草酸是植物所含的一種酸，跟人體的鈣質結合後會形成氫氧化鈣導致結石，因此最好避免大量食用大黃之類的植物。

除了帶有強烈酸味的果肉，果皮乾燥後亦可當作香料，
跟日本柚子一樣是利用價值高的香酸柑橘類。

檸檬
Citrus lemon

飲料　料理　香氛　手工藝　精油　其他

科名	芸香科柑橘屬
別名	枸櫞（日）、Lemon（英）
原產地	喜馬拉雅山西部
生長習性	常綠灌木
開花期	5～6月
利用部分	果實
利用方法	果皮、果肉可為料理增添香氣與風味
保存方法	果皮乾燥；果實用鹽或砂糖醃漬

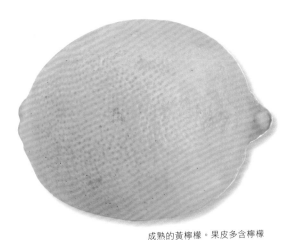

成熟的黃檸檬。果皮多含檸檬醛與檸檬油精（Limonene）等芳香成分與膳食纖維果膠，果肉亦含有維生素C與檸檬酸，營養價值高。若要當成香草、香料使用，就得購買沒有噴上防霉劑的果實。

和黃檸檬相比，未成熟的青檸檬香味與酸味較強烈。

萊姆
同為柑橘屬的常綠灌木。特徵是果實比檸檬小一圈，底部的突起也較短。多切片作為料理的裝飾。酸味比檸檬強烈，帶有甜甜的香氣。

只要生長條件符合，即使在日本也能夠採收許多果實。

檸檬的果實。

檸檬汁
為料理增添風味或添香用的果汁。可冷藏保存很長一段時間。

檸檬水
添加檸檬汁和蜂蜜的熱檸檬水。至今仍是很受歡迎的預防感冒飲料。

義大利檸檬酒。混合檸檬皮、伏特加、砂糖和水，靜置後製成的利口酒。冰過之後很好喝。

運用檸檬的調味料＆甜點

檸檬的酸味太強，不宜當作飯後水果，不過檸檬汁非常適合用來為肉類與魚類料理添風味。除了果汁，散發柑橘類香氣的果皮乾燥後亦可當成香料利用，檸檬的運用範圍實在很廣。

檸檬原產自喜馬拉雅山西部的印度。明治初期傳入日本，但在高溫潮溼的環境下難以栽培，大多仰賴國外進口。不過，透過品種改良，目前廣島縣等地區已有栽種。

主要品種有美國加州產的里斯本檸檬、種子較少的尤利卡檸檬、智利生產的熱那亞檸檬，以及跟柳橙雜交而成的梅爾檸檬等許多種類。

鹽漬檸檬

燉煮料理的調味料

【作法】
①檸檬撒上鹽巴後靜置片刻。
②滲出水後再撒鹽，接著放進密封容器裡於常溫下靜置1週，使之發酵。
③等皮變軟即可。

【材料】
檸檬1顆，粗鹽25g

檸檬鹽

適用所有食物的萬能調味料

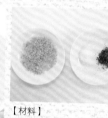

【作法】
①用磨粉機將充分乾燥的檸檬皮磨碎。
②在①裡放入鹽、胡椒調味。注意，鹽加太多會使風味流失。略微調整成個人喜歡的味道。
③再把②乾燥即可。

【材料】
乾燥檸檬皮、鹽、胡椒適量

糖煮檸檬皮

適合配茶、做成甜點

【作法】
檸檬皮迅速汆燙去除苦味，切成細條後和檸檬汁、三溫糖一起煮乾即可。

【材料】
檸檬1顆，三溫糖2大匙

檸檬皮（Lemon peel）　「peel」是皮的意思。這裡是指去除白色內皮的檸檬果皮，一般都是乾燥後用來為料理添香。以砂糖煮成的蜜餞，或是再乾燥製成的水果乾也稱為「peel」。柳橙皮則是利用柳橙的果皮。

檸檬香味與清爽風味，正適合高溫潮溼的氣候。
廣受泰國等東南亞國家喜愛的香草。

檸檬香茅
Cymbopogon citratus

飲料　料理　香氣　手工藝　除蟲　其他

科名	禾本科香茅屬
別名	Lemon grass（英）
原產地	印度
生長習性	多年草
開花期	在日本幾乎不開花
利用部分	葉、葉鞘
利用方法	葉、葉鞘主要用來為料理或飲料增添風味、香氣
保存方法	葉、葉鞘乾燥

近似芒草的葉從地面抽出。乍看之下像莖的部分其實是葉鞘，莖埋在土裡。在夏季高溫潮溼的日本亦可栽種，不過因缺乏耐寒性，必須在室內或溫室越冬。

葉鞘

日本栽培的葉鞘會變細變硬，而東南亞當地的葉鞘則又粗又軟，多磨碎運用於料理。

檸檬香茅的乾燥葉
有消除疲勞、促進消化和提振精神的效果，泡成香草茶也很受歡迎。

檸檬香茅茶
呈清澄的黃色或黃綠色，帶有檸檬香味與些許酸味為其特色。冰涼飲用也很美味。

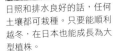

日照和排水良好的話，任何土壤都可栽種。只要能順利越冬，在日本也能成長為大型植株。

葉寬1～1.5公分。採收時從離地約10公分的地方割下，葉子就能持續長出。

鮮綠的色澤和清新的香氣，在日本也是很受歡迎的園藝植物。

檸檬香茅外觀近似芒草，香味成分檸檬醛比檸檬還要多，搓揉葉子就會散發濃郁的檸檬香氣。在泰國等高溫潮溼的東南亞國家，它是廣泛運用在料理上的香草。新鮮葉與乾燥葉的香味都很濃，可為肉類或魚類增添香氣，或是為泰式咖哩及泰式酸辣湯等湯品增加清爽的風味。亦是很受歡迎的香草茶材料。

另外，檸檬醛有除蟲、抗菌等多種作用，印度自古以來就將其作為藥草使用。在日本也當成除蟲噴霧的原料或香浴的材料，除了料理還能廣泛運用在其他方面。

檸檬香茅的綜合香料

泰式調味香料

用泰國的代表性香草混合而成的香料粉。多運用於烤雞之類的醃料、咖哩或泰式炒粿條。

④辣椒　　→ P104

①大蒜　　→ P30

⑤芥末　　→ P146

②芫荽　　→ P56

⑥檸檬香茅

③薑黃　　→ P90

充滿酸味與辣味的泰式美味
綠咖哩

【2人份材料】草菇適量，竹筍適量，茄子2條，青椒1顆，雞肉100g，磨碎的檸檬香茅乾燥葉1小匙，市售的綠咖哩醬50g，椰奶200g，橄欖油3大匙，雞湯粉適量

【作法】用小火將咖哩醬炒出香味，加入青椒以外的所有配料，以及椰奶、檸檬香茅、雞湯粉，接著用中火煨煮。最後加入青椒即可。

檸檬香茅的越冬　入冬前割除地面上的葉子，長葉可拿來編製花圈或籃子。放著不用也會散發清爽的香氣。剩下的根部移到花盆裡放在室內越冬，春天移植後會再長出新葉。

葉片可為料理或居家增添香氣，充滿檸檬香的香草。

檸檬馬鞭草

Aloysia citrodora

飲料　料理　香氛　手工藝　除蟲　其他

科名	馬鞭草科防臭木屬
別名	香水木、防臭木（日）、Lemon verbena（英）
原產地	阿根廷、智利
生長習性	落葉灌木
開花期	8～9月
利用部分	葉
利用方法	葉可為料理增添香氣
保存方法	葉乾燥

於莖上輪生的葉呈前端漸尖的卵形，邊緣有鋸齒。用手搓揉會散發檸檬般的柑橘系香氣。

看起來像草本植物的檸檬馬鞭草，其實是可長到1公尺以上的落葉灌木。可利用的葉子也能夠大量採收，不過嫩葉的香味比較新鮮且濃烈。

檸檬馬鞭草為株高可達1公尺左右的落葉灌木，葉3片輪生。夏季開淡紫色或白色小花。

檸檬馬鞭草茶
推薦可享受新鮮葉香氣的新鮮香草茶。會散發甜甜的檸檬香氣。

檸檬馬鞭草油
把檸檬馬鞭草的葉子放進橄欖油裡，增添香氣。可混合喜歡的香草營造清爽的氣味。

這是原產自阿根廷與智利等南美國家的落葉灌木。葉片會散發甜甜的檸檬香味，可作為香草使用。其香味來自於檸檬也有的芳香成分檸檬醛、香葉醇（Geraniol）、檸檬油精等精油成分，具有鎮靜、解熱和殺菌等作用。

主要的利用方法是當成檸檬的替代品增添香氣，以及用新鮮葉或乾燥葉泡成香草茶。烹調時也可為沙拉醬等醬料增添風味。另外，還可做成撲撲莉、香囊或入浴劑。

擺在甜點上，即可增添香味與色澤的小小葉片。

檸檬香蜂草

Melissa officinalis

飲料　料理　香氛　手工皂　染劑　其他

科名	脣形花科蜜蜂花屬
別名	西洋山薄荷（日）、Lemon balm（英）、蜜蜂花
原產地	歐洲南部
生長習性	多年草
開花期	6～7月
利用部分	葉
利用方法	葉可泡香草茶，或為料理增添風味
保存方法	葉乾燥、冷凍

葉互生，呈3～4公分左右的寬披針形。葉緣有圓滑的缺刻。

檸檬香蜂草為株高可達50公分以上的多年草植物，葉片外觀近似薄荷。葉子有檸檬香，可作為香草利用。又稱為「綿延益壽的香草」。

日本園藝店會在初春擺放許多檸檬香蜂草的幼苗。

檸檬香蜂草茶
用來為新鮮香草茶增添色彩。使用乾燥葉香氣也很充足。

檸檬香蜂草醋
將適量的檸檬香蜂草浸泡在白酒醋裡製成。散發檸檬香氣的酒醋。

這是一種多年生草本植物，小小的葉片很像同屬脣形花科的薄荷，並散發類似檸檬的香味。檸檬香蜂草的花能夠吸引很多蜜蜂，因此以希臘語的「Melissa」（蜜蜂之意）作為學名。

檸檬香蜂草具有強身與改善憂鬱症的藥效，自古當成藥草使用，現在主要作為糕點與飲料的添香材料，或製成撲撲莉與入浴劑等物品。

此外，檸檬香蜂草生長在半陰暗處，繁殖力很強，園藝新手也能輕鬆栽培。

檸檬香蜂草的香草茶　最好使用新鮮葉泡新鮮香草茶。把葉片放入茶水前，先將檸檬香蜂草的葉子放在掌心上拍打，就能散發香氣釋放風味。這個方法同樣適用於薄荷香草茶。

最常見的園藝用灌木，花朵的華麗外觀與色彩使人著迷。
當成香草利用的部分主要是原種的花和果實。

薔薇
Rosa

飲料　料理　香氛　手工藝　染色　其他

科名	薔薇科薔薇屬
別名	Rose（英）、玫瑰
原產地	北半球溫帶地區
生長習性	蔓性灌木
開花期	5～11月
利用部分	花、果實
利用方法	花可點綴料理；果實泡成香草茶
保存方法	花、果實乾燥

觀賞用的薔薇園。能夠看到許多四季開花的薔薇品種，若採無農藥栽培，幾乎都可作為香草使用。

薔薇果
原本是用秋天結實的野生種薔薇的果實乾燥而成。

薔薇花瓣
以食用薔薇的花瓣乾燥而成，可製成香草油或入浴劑。

薔薇花蕾
用薔薇的花蕾乾燥而成。可作為香草茶或入浴劑的材料。

薔薇果茶
呈淡淡的玫瑰色，帶有些許酸味與甜味。

薔薇花瓣茶
呈淡琥珀色，甜香馥郁，彷彿聞得到薔薇鮮花的香氣。

薔薇花蕾茶
呈淡淡的玫瑰色，甜中帶酸。放涼很好喝。

擺在商店裡的食用花卉。作為食用的薔薇不使用農藥，品種也很多。

可採收薔薇果的薔薇

薔薇是常當成樹籬的園藝植物，除了作為觀賞用途，花和果實也可當成香草利用。最近市面上亦有販售食用花卉，當成香草使用時，則有用花卉乾燥而成的薔薇花蕾、用花蕾乾燥而成的薔薇花瓣，以及用果實乾燥而成的薔薇果。

其中薔薇果原本是指野生薔薇的果實，含有豐富的維生素C。現在市面除了有歐洲稱為「狗薔薇」的「Rosa canina」品種，也使用日本原生種的玫瑰果實製成薔薇果。

狗薔薇

學名：Rosa canina。因在歐洲隨處可見而得此名，為薔薇果的基本種。

奧帕西薔薇

學名：Rosa gallica var. officinalis。開桃色重瓣花的品種，為英國薔薇戰爭時其中一方的象徵。藥用薔薇之一。

濱梨薔薇

學名：Rosa rugosa。日本的野生薔薇，分布於北海道至太平洋側的茨城縣、日本海側的島根縣之間的海濱。夏季開深桃色的美麗花朵，之後結出約3～4公分的果實。花可泡香草茶，富含維生素C的果實則當成薔薇果加工成茶飲、果實酒或果醬。

兩種薔薇製品

薔薇醬

選擇芳香與甜味適合做成果醬的品種，取其花瓣製成。充滿高雅的甜味。

薔薇醋

以食用薔薇的花瓣浸泡而成的酒醋。呈美麗清透的玫瑰色，滋味可口。

薔薇果油 從薔薇果實的種子榨取出來的基底油（用來稀釋高濃度精油的稀釋油）。含有維生素與A酸（維生素A誘導體）等成分，亦可單獨用來保養皮膚。遇光會加速劣化。

芳香馥郁，能單獨用於肉類或魚類料理，
亦可與其他香草與香料混合成新的調味料，為具代表性的萬能香草。

迷迭香

Rosmarinus officinalis

飲料　料理　香氛　手工藝　除蟲　其他

科名	脣形花科迷迭香屬
別名	Rosemary（英）
原產地	地中海沿岸
生長習性	常綠灌木
開花期	2～10月
利用部分	葉、莖、花
利用方法	葉、莖、花入菜，或與其它香草、香料混合成香辛料
保存方法	葉、莖、花乾燥

葉呈線形，長度約2～5公分。會
散發濃烈的芳香。

主要在秋季綻放淡紫色的
花朵。圖片為少見的白花
種。

株高絕大多數不到1公尺的常綠灌木。多分枝，葉如針葉樹般密生。樹
形視種類，可分為直立型、半直立型和匍匐型三種。

完整的迷迭香。用來為料理增添
香氣後會撈除。

迷迭香粉。當成料理的香料使
用。

迷迭香的乾燥葉
切碎的乾燥迷迭香葉，可用來
泡香草茶。

迷迭香茶
呈淡綠色，有些許酸味。香味
十分濃郁。

葡匐型的品種可當成地被植物使用。

迷迭香生有針葉樹般的線形葉，並散發刺激食欲的濃郁芳香。其為高度偏低的常綠樹，植株可分成三種類型：筆直生長的直立型、貼伏地面的葡匐型，和綜合兩者的半直立型。

開花期很長，自冬季的寒冷時期到晚秋，會開穗狀的淡紫色脣形小花，頗吸引人。

迷迭香具有鎮靜與促進消化的作用，外用則有改善風溼病的藥效，濃烈的香味還可防蟲。

當作食材時，能用來消除肉類與魚類的腥味、為麵包或料理增添風味，甚至浸泡在油或酒醋裡。亦是肥皂或香水等產品的添香材料。

香草料理的基本菜色
迷迭香煎嫩雞

【2人份材料】雞腿肉2片，紅甜椒1顆，新鮮迷迭香枝2根，鹽、胡椒少許

【作法】
①雞腿肉撒上鹽、胡椒，放上迷迭香。
②將沾上香氣的①放進平底鍋，從皮的那一面煎起。
③兩面煎好後，紅甜椒也迅速煎過。把雞腿肉盛到盤子裡，擺上紅甜椒與迷迭香即可。

微微的苦味
迷迭香麵包

在麵團裡加入少量迷迭香粉，發酵後於表面散撒迷迭香枝烤成麵包。在麵團裡添加茴芹籽和砂糖等材料增添甜味，就能讓迷迭香的苦味變淡，盡情享受其香氣。麵包作法→參照P17

濃郁的香氣與風味
牛蒡湯

拌炒洋蔥末，然後跟牛蒡片及馬鈴薯一起煮軟。接著把蔬菜放進食物調理機裡攪拌，最後加入牛奶、鹽巴和胡椒調味即可。放上迷迭香後，能立即襯托出三種蔬菜的甜味。

迷迭香醋。迷迭香連枝帶葉採收後，清洗乾淨並乾燥，再泡入白酒醋而成。大約2天香味就會融入醋裡。

迷迭香油。把迷迭香的葉子、2根紅辣椒和1瓣大蒜泡在橄欖油裡製成的香草油。淋在義大利麵上非常可口。

迷迭香學名的由來　迷迭香多野生於歐洲面海的地方，因此以拉丁語的「Rosmarinus」（海洋露珠之意）命名。此外，在法國則是驅魔用的香材，所以在古代又稱為「Encensier」（香木之意）。

各種迷迭香

如同前面的介紹，迷迭香可分成直立型、匍匐型和半直立型三種類型。此外，依照花朵大小、花色、葉片大小等差異，還能細分出許多品種。一般多購買幼苗栽培，可以自行挑選喜歡的品種。

枝條筆直生長的直立型品種。大多屬於葉子較大的種類。

匍匐型的迷迭香。盛開的花朵能裝飾庭園的一角。

海藍種的幼苗。戰前就存在的古老品種，通常可在園藝店見到蹤影。

藍小孩迷迭香

Blue Boy Rosemary。樹高約50公分的小型品種。直立型。不耐寒，因此適合以可移動的容器栽培。

藍小孩種的花。花色為亮藍色。

海藍迷迭香

Marine Blue Rosemary。直立型的迷迭香。葉較小而密生。成長後會變成大型植株，開深藍色的花。

海藍種的花。濃烈的藍色為其特徵。視生長條件的差異，花呈淡藍色的情況也不少。

約瑟普小姐迷迭香

Miss Jessopp's Upright Rosemary。大株的直立型迷迭香。葉細長，為英國產的強韌耐寒品種。

約瑟普小姐種的花。特徵是藍花分散於枝上。

約瑟普小姐種的幼苗。葉子自幼苗時期就很細長，是可大型化的品種。

洛克吾德‧佛瑞斯特迷迭香

Lockwood de Forest Rosemary。匍匐型的迷迭香，強韌耐寒。淡紫的花色很醒目，亦適合觀賞。

莫札特藍種的花。不負「藍」之名，呈清澄的深藍色。

莫札特藍迷迭香

Mozart Blue Rosemary。大株的半直立型迷迭香。具耐寒性，為強韌的品種。花很美，亦是受歡迎的觀賞品種。

莫札特藍種的幼苗。葉子很細。

洛克吾德‧佛瑞斯特種的花，是多以「藍」為名的迷迭香中花色較白的品種。

香草的耐寒性　耐寒性是指在低溫下也能生長、不會枯萎的植物性質。一般分為可忍耐到零度以下的耐寒性、可忍受到零度的半耐寒性，以及必須10度以上才能生長的非耐寒性。原產自熱帶的植物當然都是非耐寒性。香草多多為原產於地中海沿岸的品種，在氣候不同的地區栽種時，得將耐寒性納入生長條件考量，有時也需要移入花盆讓植物越冬。

希臘神話中太陽神阿波羅頭上所戴的榮耀與睿智之象徵。
法國香草束不可或缺的材料、歐洲廣為使用的香草。

月桂
Laurus nobilis

飲料　料理　香氛　手工藝　染色　文化

科名	樟科月桂屬
別名	Laurel、Bay leaf（英）
原產地	地中海沿岸
生長習性	常綠喬木
開花期	4～5月
利用部分	葉
利用方法	葉可為料理增添風味，或作為手工藝材料
保存方法	葉乾燥

去年或前年的硬葉香味會比嫩葉濃。製法為放在陰暗處乾燥2週。

把葉子泡在酒醋裡增添風味而成的月桂醋，多運用於醃泡料理。

把大蒜和月桂浸泡在橄欖油裡製成的月桂油。最適合用來煎肉類或魚類。

月桂的乾燥葉
長時間加熱會釋出苦味，基本上都是使用完整葉片以方便取出。

月桂茶
茶水透明無色。由於香味比其他香草濃烈，用量與浸泡時間最好縮短一點。

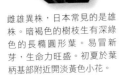

雌雄異株，日本常見的是雄株。暗褐色的樹枝生有深綠色的長橢圓形葉。易冒新芽，生命力旺盛。初夏於葉柄基部附近開淡黃色小花。

用月桂幼枝編成的桂冠，是古希臘羅馬獻給英雄與大詩人的榮譽象徵。如今也會在運動競賽等場合賜給獲勝者這項榮譽。

葉片有清新芳香，不過新鮮葉的苦味強且帶草味，烹調時都是使用乾燥葉。在日本多用來為燉菜、咖哩、蔬菜燉肉鍋等燉煮料理增添香氣。歐洲則活用其香味，作為醃泡料理與西式醃菜的醃泡液或醬料的材料。亦可有效消除肉類或魚類的腥味，更是肉派與陶罐法國派不可或缺的香草。

磨細的粉末混合其他香草的粉末，就成了香草碎之類的綜合香料。

清脆的口感與鮮甜滋味
醃蕈菇

②在紅酒醋裡加入砂糖和200cc的水，放入月桂等香菇後煮滾，作為醃泡液。

【材料】紅酒醋200cc，砂糖2大匙，鹽10g，肉桂、月桂、胡椒粒、丁香、辣椒各適量，各種蕈菇適量

③把蕈菇放進②的醃泡液裡，一旦蕈菇變軟即離火放涼。

④裝進煮沸消毒過的密封容器裡保存。靜置2天左右，等蕈菇入味即可食用。

①切除蕈菇尾端、瀝乾水分，分切成小朵後撒鹽靜置1個小時。

月桂的防蟲作用 月桂所含的芳香成分有除蟲效果，自古以來歐洲地區的人們都用其驅除穀物裡的蟲。跟辣椒一樣，在米缸或存放麵粉的容器裡放入1〜2片即可。此外也推薦作為衣物的除蟲劑。

人氣水果草莓的野生種。不僅果實美味，葉片還可作為香草利用。
果實相似的木莓覆盆子也是香草之一。

野草莓

Fragaria vesca

飲料　料理　香氛　手工藝　護膚　其他

科名	薔薇科草莓屬
別名	蝦夷蛇莓（日）、Wild strawberry（英）
原產地	歐洲
生長習性	多年草
開花期	5～10月
利用部分	葉、莖、果實
利用方法	葉、莖乾燥後泡香草茶；果實生吃或製成果醬
保存方法	葉、莖、種子乾燥

野草莓為株高約20公分的多年草植物。根生葉，為三出複葉，柄長，利用走莖繁殖。葉片和果實可作為香草利用。

走莖

野草莓的花。約5瓣（不固定）的可愛白花。

野草莓的果實。比栽培品種的草莓還要小。

利用走莖繁殖。走莖若繁殖過多會導致母株衰弱，因此栽培時須適度修剪走莖。

又名「日本野草莓」的能鄉莓果實。為生長在日本海側高山的野生種，因原生於岐阜縣能鄉白山而得此名。

野草莓的乾燥葉

市售的香草茶茶葉。使用充分乾燥的葉片。

野草莓茶

呈琥珀色的香草茶，帶有些許甜味。

這是原產自歐洲的草莓，由於是野生種，英文便稱為「Wild strawberry」。可生食的果實很小，特色是香味與酸味濃烈。在日本稱為「蝦夷蛇莓」，但跟蛇莓是不同屬的植物。野生於日本海側山岳地區的高山植物「能鄉莓」為其近緣種，因多汁可口而聞名。

跟栽培種草莓一樣，最常見的利用方法就是生吃果實。量多時可釀成果實酒，或加工成果醬，發揮草莓的酸甜滋味。另外，葉片可泡香草茶，滋味有如番茶般甘甜。在日本有許多野生種的木莓也能當成香草使用。

野草莓的幼苗。

覆盆子的同類

果實很像草莓的覆盆子，是薔薇科懸鉤子屬的落葉灌木。法文稱為「Framboise」，是用來製作果醬等食品的香草。日本也有許多野生近緣種。

構莓的花。開許多宛如野薔薇的花。花瓣數不固定。

構莓的果實。成熟果實為橘色。很甜很好吃。

茅莓果實較不甜，但加工成果醬後非常美味。

構莓（Rubus trifidus）的枝條。懸鉤子屬的一種，野生於日本關東以西的海岸線附近。葉片和果實都比較大。日本除了構莓，還有紅葉莓、茅莓等許多野生種。

覆盆子的植株。學名：Rubus，是薔薇科懸鉤子屬的代表品種。

覆盆子的果實。是糕點與果醬的材料。

覆盆子的乾燥葉
可作為香草茶的茶葉，據説對產婦有益。

覆盆子葉茶
滋味清爽，帶有些許酸味和甜味。

幸福的野草莓 據説野草莓能「招來幸福」，因此在歐洲被當成幸運物，有「幸運&愛情」、「結實就能得到幸福」等説法。緣由不詳。英國高級瓷器「Wedgwood」的野草莓系列亦頗受歡迎。

辛辣十足的滋味適合搭配肉類料理，
作為香料的利用價值也很高。是日本特產的香草。

山葵
Wasabia japonica

飲料　料理　茶飲　手工藝　妙香　其他

科名	十字花科山葵屬
別名	澤山葵（日）
原產地	日本
生長習性	多年草
開花期	3~5月
利用部分	地下莖、葉、葉柄、花
利用方法	地下莖磨碎當成香辛佐料；葉、葉柄、花用於料理
保存方法	地下莖、葉、葉柄用醬油等材料製成醃漬物

山葵的葉子，葉柄長。心形的葉子近似葵葉，因此取名為山葵。

春天一到便白花齊放的山葵。花蕾也可做成涼拌菜食用，以「山葵花」的名稱在市面上販售。

山葵為株高可達30公分左右、與白蘿蔔同屬十字花科的多年草植物。圖片為栽培品種的粗大地下莖，根可磨碎當成香辛佐料。其辛辣成分極富殺菌力，是生魚片不可缺少的配料。

山葵葉。山葵的葉子與葉柄都有辣味，跟地下莖一樣全年都可採收。

又名「水山葵」的栽培種山葵田。使用深山湧泉栽種，整年都買得到。

野生山葵。生長於山中的清流區域。絕大多數的植株根都很細，辣味強。

真山葵
用山葵地下莖磨成。口感綿滑，香氣充足，辣味也很溫和。

山葵粉
用辣根之類的原料製作並上色而成。辣味最強，用於料理提味。

管裝山葵
最普遍使用的山葵。含鹽巴等多種添加物，辣味很強。

這是原產自日本的十字花科多年生草植物。野生種生長在深山溪流邊的砂石地，會長出許多有光澤的心形根生葉。長葉柄和葉片都有辣味，利用價值最高的部位則是地下莖，可磨碎當成香辛佐料。日本市面販售的是用野生種人工栽培的品種（水山葵），地下莖粗，葉片以「山葵菜」之名販售。

山葵還有能在田裡栽培種、又名「陸山葵」的品種，跟辣根（→P140）一樣是管裝山葵或醃山葵的材料。

田（陸）山葵。根很細，不需水流也能夠生長，可盡情採收葉片品嘗。

三種可享受山葵風味的醬料

滿滿的蕈菇與山葵風味 山葵奶油

【材料】按人數準備蕈菇，奶油、新鮮山葵適量。

【作法】
①把蕈菇放進烤箱裡蒸烤。
②混合山葵泥和奶油。
③將蒸好的蕈菇盛入盤裡，全部淋上②即可。奶油多一點，山葵會更容易入味。

辣味持久的下酒菜 山葵醬

【材料】按人數準備鮪魚瘦肉，奶油起司、醬油、管裝山葵適量

【作法】
①鮪魚切塊，浸泡在醬油裡。
②將奶油起司和山葵充分混合。
③把①盛入盤裡，擺上②即可。起司可鎖住辣味，使辣味持久。

運用酸味的清爽滋味 山葵檸檬

【材料】按人數準備鯛魚片，檸檬1顆，管裝山葵、鹽、胡椒適量
【作法】
①鯛魚撒上鹽和胡椒，煎熟。
②混合檸檬和山葵製成醬料。
③把②淋在①上，擺上檸檬絲即可。

山葵的辣味成分與殺菌作用　山葵的辣味成分源自於黑芥素這種物質。山葵磨泥後黑芥素會跟酵素起反應，轉變成烯丙基異硫氰酸酯此種揮發性物質。這就是山葵的辣味成分，富有抗菌與殺菌的作用。

栀子

Gardenia jasminoides

科名	茜草科栀子屬
別名	Gardenia（英）
原產地	東亞
生長習性	常綠灌木
利用部分	果實

　　於梅雨季節開花，使周遭一帶瀰漫甜香的栀子，其果實含有跟番紅花相同的色素成分，日本自古用其為食品上色。可將糖煮栗子和栗金飩（註：一種日式糕點）、醃蘿蔔染成鮮豔的黃色。

形狀獨特的栀子果實。用來將食品染成黃色。

名列世界三大茶的瑪黛茶。

玄草的花。

玄草

Geranium thunbergii

科名	牻牛兒苗科老鸛草屬
別名	現之證據、神輿草（日）
原產地	日本
生長習性	多年草
利用部分	葉、莖、花

　　野生於全日本的山野和路邊。日本自古將乾燥的玄草當成整腸的民間偏方，由於立即見效而有「現之證據」之名。吃多了也沒有問題，還可泡成茶飲品嘗。

玄草的葉子。外觀近似有毒的烏頭，曾發生誤食意外，須多加留意。

莖自基部分枝，伏臥地面繁殖。莖與葉密生白毛。

紫花苜蓿

Medicago sativa

科名	豆科苜蓿屬
別名	紫馬肥（日）、Alfalfa（英）
原產地	中亞
生長習性	多年草
利用部分	葉、莖、種子

　　這是原產自中亞的豆科多年草植物。如同日文別名「馬肥」，過去是飼養家畜的牧草。除了維生素和礦物質，還含有豐富的蛋白質與膳食纖維。可當成豆芽菜食用或泡香草茶品嘗。

在廚房就能輕鬆栽種的紫花苜蓿芽。

用紫花苜蓿的乾燥葉沖泡而成的香草茶。

忍冬
Lonicera japonica

科名	忍冬科忍冬屬
別名	吸葛（日）、Honeysuckle（英）、金銀花
原產地	東亞
生長習性	常綠蔓性植物
利用部分	葉、花

飲料　　　　　　　　　　其他

忍冬分布於東亞一帶。生長在林邊，春至初夏開有甜香味的花。花筒有蜜腺，可以吸到蜜汁，因此稱為「Honeysuckle」。葉與花皆有抗菌與解熱作用，自古當成生藥使用。

花初為白色，最後變成黃色。由於枝端同時有白花與黃花存在，故又稱為金銀花。

矢車菊
Centaurea cyanus

科名	菊科矢車菊屬
別名	Centaury、Cornflower（英）
原產地	歐洲
生長習性	1年草、多年草
利用部分	花

飲料　料理　　　　　手工藝

學名源自希臘神話，當中的半人馬（Centaurus）就是用這種植物療傷。歐洲自古當成民間偏方使用。乾燥花可用來泡香草茶，鮮花則當成食用花卉。

植株可長到60公分左右，5月之後莖的頂端會開矢車（風車）狀的花。日本多販售用於花藝的鮮花。

巴拉圭冬青
Ilex paraguariensis

科名	冬青科冬青屬
別名	Yerba mate（英）、瑪黛
原產地	南美洲
生長習性	常綠灌木
利用部分	葉、枝

飲料　　　　　　　　　　其他

巴拉圭冬青原產自伊瓜蘇瀑布周邊。取葉片泡成的瑪黛茶，自古以來被視為能滋補強身、消除疲勞的飲料。其維生素與礦物質豐富到甚至有「喝的沙拉」之稱，多酚含量也不少。

將採收的巴拉圭冬青葉乾燥後烘焙成茶葉。

瑪黛茶。可熱水沖泡或冷泡飲用。亦可添加砂糖或牛奶。

菊蒿
Tanacetum vulgare

科名	菊科菊蒿屬
別名	Tansy、Golden buttons（英）、艾菊
原產地	歐洲、亞洲
生長習性	多年草
利用部分	葉、花、莖

除蟲　其他

帶有樟腦般的濃烈氣味，具防蟲作用。古時候歐洲人將之種在廚房入口以驅除螞蟻。乾燥後可做成花圈或撲撲莉。有毒，食用會對身體造成危害。

外觀優雅的葉子與黃花多作為觀賞用途。由於能防除害蟲使土壤肥沃，亦當成伴生植物栽種。

芸香

Ruta graveolens

科名	芸香科芸香屬
別名	Rue、Common Rue（英）
原產地	南歐
生長習性	多年草
利用部分	葉

芸香在中世歐洲被視為能驅除邪靈、避免疾病纏身的聖草，因而當成避邪物使用。獨特的強勁香氣能夠防除蒼蠅等害蟲，乾燥葉可做成天然的防蟲劑。還可當作伴生植物栽種。

葉呈橢圓形或匙形，揉搓會散發濃烈的氣味。日本市面多以「貓不來草」的名稱販售。

乳薊

Silybum marianum

科名	菊科乳薊屬
別名	瑪利亞薊（日）、Milk thistle（英）
原產地	地中海沿岸
生長習性	2年草
利用部分	種子

在歐洲有「肝臟的香草」之稱，人類早在兩千多年以前就將它當成藥草使用。根據近年來的研究，已證實乳薊的種子含有促進肝臟解毒、再生的成分，因而再度受到矚目。

帶刺的葉片上有白色斑點，看起來像是灑上了乳汁，故得此名。

南非歪豆

Aspalathus linearis

科名	豆科南非豆屬
別名	Rooibos（英）、博士茶
原產地	南非
生長習性	落葉灌木
利用部分	葉

據說這是自古流傳於南非原住民族之間的不老長壽祕藥，目前只有開普省北部的席德堡山脈一帶仍繼續栽種。不僅富含礦物質，還有抗氧化作用，在日本也普遍當成健康茶飲用。

以古法自然發酵、乾燥的針狀葉。

紅褐色的茶水不含咖啡因，單寧含量也少。

羊耳石蠶

Stachys byzantina

科名	唇形花科水蘇屬
別名	綿草石蠶（日）、Lamb's ear（英）
原產地	中亞
生長習性	多年草
利用部分	葉、花

葉與莖被覆白色綿毛，軟綿綿的質感讓人聯想到羔羊。銀綠色的色澤可用於裝飾，是很受歡迎的花壇地被植物。乾燥後亦可做成花圈或花束。

密生綿毛的葉片像極了羔羊的耳朵。初夏抽出花莖，開紅紫色小花。

用語解說

生長形式。

【數字】

一年草　通常在春季發芽，開花、結果後留下種子後，於冬季前枯萎的草本一年生植物。秋季發芽，越冬後於隔年開花、結果才枯萎的稱為越年草。→多年草

三倍體　通常植物的染色體必須為偶數套（父＋母）才能留下後代。如果為三組等奇數套時無法留下種子，這種情形就稱為三倍體植物，用於生產無籽西瓜等果實。

【二劃】

二回羽狀複葉　羽狀複葉的小葉又形成複葉（第二回）的狀態。

【四劃】

互生　葉子在莖或枝上交互排列的

谷中生薑的塊莖。

為奇數羽狀複葉的黑果接骨木。

地被植物　指貼地生長的植物，繁殖後會覆蓋地面。→P.181

多年草　自最初的發芽、生長、開花、結果這個生長週期的草本植物。多年草一年重複發芽、生長、開花、結果後有地上部分會於冬季前枯萎，以及葉與花冬季不會枯萎兩種類型，後

【五劃】

生藥　直接將具藥效的動植物作為藥品。為中藥的原料。

【六劃】

印度甜酸醬（Chutney）把香草和香料加進水果或蔬菜裡煮成的湯或醬。為亞洲的調味料，可作為咖哩的材料。芒果甜酸醬。→P.94

印度綜合香辛料（Garam masala）印度料理使用的綜合香草之一。以孜然、小豆蔻等數十種香草、香料調製。

者又稱宿根草。

多肉植物　在葉或莖、根儲存水分的植物。→P.20

舌狀花　下部為筒狀，上方形狀宛如舌頭捲起的花。蒲公英就是由許多舌狀花組成。

【七劃】

伴生植物（Companion plants）具防蟲等效果而種在一起的植物。→P.18、149

完整（Whole）指未經過切碎、磨成粗顆粒或粉末等加工手續，形狀完整的香草或香料。→P.34、51

抗氧化物質　可妨礙體內造成老化或疾病的氧化物質作用的物質，蔬菜與香草所含的維生素與礦物質也是其中一種。

芳香精油　芳香療法所用的精油（精華油）。→P.83

芳香浴　將自香草或香料萃取出來的芳香精油滴入浴缸裡泡澡。具有放鬆肌肉與精神的效果。→P.81

【八劃】

奇數羽狀複葉　複葉的小葉排列成羽毛狀，前端只有1片，其餘左右對稱。→偶數羽狀複葉

披針形　接近葉柄的基部較寬，葉尖狹細的葉子形狀。

果皮　包住果實的皮，一般可分為外果皮、中果皮、內果皮。

林地　樹林裡的地面。半陰暗，當

走莖　如草莓那種橫向蔓生的莖，前端可生根繁殖。→P.186

中生長了許多草本植物和灌木。

香囊（薰衣草）。

【八劃】

花序　開花的形式之一。不同於薔薇那種枝端只開1朵花的形式，而是如蒲公英般數朵小花簇生的狀態。

花圈　用葉子、樹果、花等材料製成的圈狀裝飾物。可用散發芳香的乾燥香草當作材料。

【九劃】

籽（Seed）種子。作為香料或香草時，會先乾燥種子再加以利用。

耐寒性　在低溫下也不會枯萎的植物性質。一般分為可忍耐到零度的半耐寒性、可忍耐到零度以下的耐寒性，以及只能生長在10度以上的非耐寒性。熱帶地區原產的植物當然

都是非耐寒性。→P183

胎座　果實裡胚珠（種子）生長的部分。→P104

苞葉　包裹住花的葉子，又稱為「苞」。

食用花卉（Edible flower）可以吃的花。→P116

香草茶　香草的葉子或花乾燥後，以熱水沖泡、煮成的飲料。有時會使用新鮮葉片。

香酸柑橘類　如酸桔和苦橙這類可利用其香氣與酸味的柑橘類植物。→P101

香囊（Sachet）裝了香草與香料的小布袋。放在衣櫥角落或抽屜裡有防蟲的效果。→P19

白色部分為生產種子的胎座。

【十劃】

根生葉　葉子看起來有如從根部長出的形態，莖很短。

泰式炒粿條（Pad Thai）泰式炒麵，使用米粉製成的粗麵條烹調而成。→P175

特級初榨橄欖油（Extra virgin）橄欖果實榨油後完全不做任何加工，百分之百的純橄欖油。

粉（Powder）用磨粉機或研磨缽把香草或香料磨成粉末狀。不像完整香草或香料，食用時沒有異物感，亦方便調理。

【十二劃】

提神酒（Cordial）浸泡香草的酒精飲料。

普通（Common）香草用語，為「一般的」、「基本的」之意，冠在香草名稱的前面。→P162

【十三劃】

塊莖　地下莖肥大的部分。→P74

矮化栽培　抑制植物生長的栽培方式。→P120

義式烤麵包（Bruschetta）烤香蒜麵包這類義大利的小吃、佐酒菜。

葉柄　連接葉身與莖或枝的柄。→P100

葉腋　葉柄與莖或根之間形成的夾角。花莖由此抽出。

【十四劃】

對生　葉片於莖或枝上左右對稱的生長形式。

精油　又稱為「精華油」，從香草或香料的葉、花、果實、種子等部位萃取，揮發性高、純度百分之百的油。→P73

精華油（Essential oil）參照精油。→P73

洛神花為利用其紅色苞葉的香草。

【十五劃】

撲撲莉（Pot-pourri）將香草的葉子或花、香料的果實、樹皮、果皮、精油等材料，放進玻璃容器裡使之發酵而成的物品，用於室內香氛。→P28、66

樟腦（Camphor）從樟樹的葉子等部位萃取的精油，有芳香與防蟲效果。

蓮座狀　如蒲公英那種呈放射狀貼著地面生長的葉子。→P96

複葉　1片葉子分裂成好幾片小葉的構造。

調味茶（Flavored tea）在紅茶等茶類裡添加香味而成的飲料。→P139

輪生　葉片在莖或枝上呈環狀排列的生長形式。→P139

醃漬香料（Pickling spice）西式醃菜所使用的香草與香料。→P103

【十六劃以上】

鋸齒　植物的葉緣形狀有如鋸子。

總狀花序　從周圍到中心、從下方往上方綻放的花序。花整體呈現如風信子般的圓錐形。→P147

爆香油（Starter spice）烹調時先用油爆香的香料。原則上使用整粒或整根的材料。

排氣劑　用來排出腸內空氣的藥。→P139

野草莓利用走莖繁殖。

整粒的四色胡椒

蕾絲薰衣草的花

※索引從P199開始

八角茴香的果實

日本產的鷹爪辣椒

可採收薔薇果的玫瑰

茴香的葉子

洋薊的花蕾

未成熟的橄欖果實

可當金針菜的重瓣萱草

又名「三香子」的多香果

索引

日文版工作人員

編輯製作●
Yamaneko 舍

取材執筆●
香草・香料圖鑑編輯部

封面設計●
菊谷美緒

內文設計●
Wataboo 有限公司

協力●
一般社團法人 Share Trade
伊藤秀以智
小沢賢治
Kinos 股份有限公司
Kiiro 工房
日高 Mutsumi
Food Coordinator 越出水月

企劃・編輯●
成美堂出版編輯部 (駒見宗唯直)

HERB·SPICE NO JITEN
©SEIBIDO SHUPPAN CO., LTD. 2013
Originally published in Japan in 2013 by
SEIBIDO SHUPPAN CO., LTD., Tokyo.
Chinese translation rights arranged through
TOHAN CORPORATION, TOKYO.

香草・香料圖鑑

2014年 3 月 1 日初版第一刷發行
2019 年 12月1日初版第八刷發行

編　著	成美堂出版編輯部
譯　者	王美娟
編　輯	劉泓葳
發 行 人	南部裕
發 行 所	台灣東販股份有限公司
	＜地址＞台北市南京東路4段130號2F-1
	＜電話＞(02)2577-8878
	＜傳真＞(02)2577-8896
	＜網址＞www.tohan.com.tw
郵撥帳號	1405049-4
法律顧問	蕭雄淋律師
總 經 銷	聯合發行股份有限公司
	＜電話＞(02)2917-8022

著作權所有，禁止翻印轉載。
本書若有缺頁或裝訂錯誤，請寄回更換（海外地區除外）。
Printed in Taiwan.

國家圖書館出版品預行編目資料

香草・香料圖鑑 / 成美堂出版編輯部編著；
王美娟譯 . -- 初版 . -- 臺北市 : 臺灣東販，
2014.03
　面；　公分
ISBN 978-986-331-312-0(平裝)

1.香料作物 2.植物圖鑑

434.193025　　　　　103001846

TOHAN